PILZE

1000

FOTOS

Text
Patrick Laurent
und Isabelle Masson-Deblaize

Fotos
Ives Lanceau

KARL MÜLLER VERLAG

INHALT

Hinweis und Warnung

Der Speisewert der Pilze und die übrigen Angaben zu den Pilzen, die in diesem Buch genannt sind, wurden nach bestem Wissen aufgeführt. Eine Haftung für die Richtigkeit sämtlicher Angaben in diesem Buch wird ausgeschlossen. Dies gilt insbesondere für den Karl Müller Verlag, da diesem die Überprüfung der Angaben nicht möglich ist.

Wer Pilze isst, handelt auf eigene Verantwortung, da Autor und Verlag eventuelle individuelle Unverträglichkeiten sowie Sammelgewohnheiten des Einzelnen nicht kennen. Deshalb sollten Sie auch einen zweifelsfrei bestimmten Pilz erst dann zu Speisezwecken verwenden, wenn er Ihnen in all seinen unterschiedlichen Erscheinungsformen genau bekannt ist. Bei geringstem Zweifel sollten Sie die gesammelten Pilze einem Pilzfachmann bzw. einer Pilzberatungsstelle vorlegen.

Allgemein sei vor dem Verzehr von rohen Pilzen und zu alten Pilzen gewarnt; außerdem sollten Sie junge und unterentwickelte Pilze, die Sie nicht einwandfrei bestimmen können, auf keinen Fall sammeln.

GIFT- UND SPEISE-PILZE

1

KNOLLENBLÄTTERPILZE: DIE DREI FURCHTBAREN BRÜDER

2

Es gibt in Mitteleuropa drei Knollenblätterpilzarten, bei denen schon der Genuss eines einzigen Exemplars zum Tode führt oder zumindest schwere, anhaltende Organschäden hervorruft. Jedes Jahr kommt es zu Verwechslungen mit tödlichem Ausgang, weshalb alle Speisepilzsammler diese drei Arten unbedingt kennen sollten. Gemeinsam ist ihnen die knollig verdickte, von einer häutigen, abstehenden Scheide umgebene Stielbasis. Da der Stielgrund oft tief im Humus steckt, sollte man verdächtige Pilze niemals abschneiden, sondern sorgfältig mitsamt der Basis aus dem Boden herausdrehen. Der Stiel trägt oft einen Ring oder unregelmäßige Gürtelzonen und der Hut ist bisweilen mit häutigen Resten der Allgemeinhülle bedeckt, doch können, je nach Witterung, auch beide Merkmale fehlen. Die Lamellen auf der Hutunterseite sind stets weiß.

Der häufigste der drei, der Grüne Knollenblätterpilz *(Amanita phalloides)*, ist in seinen Standortansprüchen nicht sehr wählerisch. Er wächst vom Frühsommer bis in den Spätherbst vornehmlich in Laubwäldern und Parks unter Eichen und Buchen, doch kann man ihn hin und wieder auch unter Nadelbäumen finden. Sowohl tonig-kalkhaltige Böden als auch saurer Untergrund mit Heidekraut, Blaubeeren und Farnen sagen ihm zu. Ein gutes Kennzeichen ist der mal dunkler, mal heller olivgrüne Hut, dessen seidig-glänzende Oberfläche mit feinen braunen Radialfasern durchzogen ist. Die dichtstehenden, freien Lamellen sind weiß und mit kürzeren Lamelletten untermischt; das Sporenpulver ist weiß. Der meist hohe und schlanke, gelegentlich aber auch gedrungenere Stiel trägt meist einen dauerhaften, weißen, gestreiften Ring und ist mit zickzackartigen, graubräunlichen bis olivgrünen Zonen geschmückt. Die meist tief im Falllaub verborgene Stielbasis ist knollig verdickt und steckt in einer weißen, häutigen Scheide, die mitunter gelblich überhaucht ist. Das weiße Fleisch riecht nur unauffällig, manchmal ein wenig süßlich. Es ist mild, doch ist vor Geschmacksproben dringend abzuraten.

Es gibt auch eine weiße Form des Grünen Knollenblätterpilzes – *Amanita phalloides* var. *alba*. Sie ist generell seltener als die Hauptform, tritt aber an ihren Standorten bisweilen in großer Zahl auf. Ob sie identisch ist mit dem Pilz, der als Frühlings-Knollenblätterpilz *(Amanita verna)* bezeichnet wurde, ist noch umstritten, der Giftgehalt entspricht aber in jedem Fall dem des Grünen Knollenblätterpilzes. Abgesehen von den fehlenden Grüntönen – lediglich an der Scheide treten manchmal schwache gelbgrüne Reflexe auf – gibt es keine morphologischen Unterschiede. Auch die Ansprüche an den Standort sind identisch, wenngleich die weiße Form offenbar wärmere Lagen bevorzugt und dort vom späten Frühjahr bis in den Herbst gefunden wird.

Vor allem in Nadelwäldern an feuchten, kühleren Standorten auf saurem Boden begegnet man dem nicht minder gefährlichen, in allen Teilen rein weißen Kegelhütigen Knollenblätterpilz *(Amanita virosa)*. Der seidig-glänzende, unveränderlich elfenbeinweiße Hut ist lange glockig oder kegelförmig und schirmt erst spät auf. Sein Rand ist oft mit unregelmäßigen Hüllresten behangen. Der schlanke, wollig-flockige Stiel hat eine knollig verdickte, von einer abstehenden Scheide umgebene Basis; der Ring ist manchmal nur in Fetzen vorhanden und kann auch ganz fehlen. Das milde Fleisch riecht schwach unangenehm.

Alle drei Arten verursachen Vergiftungen, die in vielen Fällen zum Tod führen. Typisch für diese Vergiftungen ist, dass die ersten Anzeichen erst spät nach der Mahlzeit auftreten, in der Regel sechs bis vierzig Stunden danach. Die Symptome bestehen aus Übelkeit, schweren Magen- und Darmstörungen, Erbrechen, Darmentzündungen und blutigen Durchfällen. Heftige Schweißausbrüche führen zur Austrocknung des Körpers. Es kommt zu irreversiblen Leberschäden bis hin zum völligen Zusammenbruch der Leberfunktionen. Vergiftungen sind nur vermeidbar, wenn man die Merkmale der Knollenblätterpilze gut kennt und genau beachtet. Im Zweifelsfall konsultiere man eine Pilzberatungsstelle.

3

4

5

6

7

8

9

10

11

Der Hut des Kegelhütigen Knollenblätterpilzes *(Amanita virosa)* schirmt auch im Alter nur selten völlig auf. Der Stiel ist oft flockig. Der Pilz wächst meist in feuchten Nadelwäldern **(Abb. 1)**. Man hüte sich vor allen Pilzen mit weißen Lamellen, weißem, beringtem Stiel und knolliger, bescheideter Stielbasis **(Abb. 2)**. Entwicklungsstadien des Grünen Knollenblätterpilzes *(Amanita phalloides)*. Die Hutfarbe variiert zwischen dunkel und hell olivgrün und weist manchmal auch gelbgrüne Töne auf **(Abb. 3)**. Kennzeichen des Grünen Knollenblätterpilzes: sackartige Scheide am Stielgrund, weißer, geriefter Ring, weiße Lamellen, grüner Hut und olivgrün gescheckter Stiel **(Abb. 4)**. An ähnlichen Standorten wie der Grüne Knollenblätterpilz kommt auch eine weiße Varietät vor **(Abb. 5)**. Vier Grüne Knollenblätterpilze mit bereits aufgeschirmten Hüten **(Abb. 6)**. Zwei Exemplare der weißen Varietät des Grünen Knollenblätterpilzes. Sie können mit weißen Champignons verwechselt werden, deren Lamellen sich jedoch bei der Reife erst rosa und zuletzt dunkelbraun verfärben; außerdem haben sie keine Scheide **(Abb. 7)**. Der Grüne Knollenblätterpilz kommt von der Ebene bis ins Gebirge vor und wächst vor allem unter Laubbäumen **(Abb. 8)**. Die weiße Varietät des Grünen Knollenblätterpilzes unterscheidet sich von der Hauptform durch das Fehlen der Grüntöne. Nur an der Scheide sind manchmal gelbliche oder grünliche Reflexe zu beobachten, vor allem am Rand **(Abb. 9)**. Ein einziger Grüner Knollenblätterpilz kann eine ganze Familie umbringen **(Abb. 10)**. Der Längsschnitt durch einen jungen Fruchtkörper (Mitte) zeigt die Allgemeinhülle **(Abb. 11)**.

Vorausgehende Doppelseite:
Großes Bild: Hallimasch *(Armillaria mellea s. l.)*.
Kleines Bild: Grüner Knollenbblätterpilz *(Amanita phalloides)*.

1

GIFTIGE HÄUBLINGE UND SCHIRMLINGE

Der Gifthäubling *(Galerina marginata)* ist eine kleine, schlanke Art, die einzeln oder in kleinen Gruppen an morschem Nadelholz wächst; seltener findet man sie auch an Laubholz. Der feucht lebhaft rotbraune Hut blasst bei Trockenheit ockerlich aus. Die anfangs hellbraunen, am Stiel angewachsenen bis kurz herablaufenden Lamellen werden später rostbraun. Der auf blass ockerfarbenem Grund silbriggrau überfaserte Stiel wird zur Basis hin dunkler. Wenn der Hut aufschirmt, bildet sich am Stiel ein kleiner brauner Ring, der später jedoch oft abfällt. Das Fleisch riecht und schmeckt nach Mehl. Ähnlich wie die Knollenblätterpilze verursacht der Gifthäubling lebensgefährliche Vergiftungen Er kann mit dem Stockschwämmchen *(Kuehneromyces mutabilis)*, einem beliebten Speisepilz (s. S. 43), verwechselt werden.

Gefahr im Verzug ist auch bei kleinen Schirmlingen mit eiförmig-ellipsoiden Sporen. Einige von ihnen sind lebensgefährlich giftig. Die meisten von ihnen sind aber wärmeliebend und in Mitteleuropa ziemlich selten.

Der Hut des Fleischbräunlichen Schirmlings *(Lepiota brunneoincarnata)* wird nur selten breiter als 5 cm und ist auf weinrotem Grund mit rosabraunen, in der Mitte oft fast schwarzbraunen Schuppen bedeckt. Die Lamellen sind sehr blass cremefarben. Der blasse Stiel ist mit girlandenartigen weinroten Flockenzonen geschmückt. Das weiße, im Schnitt manchmal schwach rötende Fleisch riecht leicht fruchtig. Der Pilz wächst in Gärten und Parks, in Alleen, Gebüschen und Dünen, ist aber ebenso wie die folgenden Arten in Deutschland ziemlich selten. – Der Weinrötliche Schirmling *(L. josserandii)* ist heller, die Hutschuppen sind ockerbeige auf blasserem Grund, die Lamellen immer weiß. Der mit einem wolligen Ring versehene, rosaockerfarbene Stiel ist feinschuppig oder -rissig, das Fleisch hat einen relativ starken, fruchtigen Geruch. Man begegnet dem Pilz in Parks, Gebüschen, an Waldrändern und auf Lichtungen sowie auf überwachsenen Schutthalden. – Der Olivgraue Schirmling *(L. forquignoni)*, ein Laubwaldpilz, hat einen feinschuppigen, graulich-oliv gefärbten Hut mit blasserem Rand. Die Lamellen sind weiß, haben aber oft einen rosa Schimmer. Der blasse Stiel kann im unteren Teil olivbraune oder olivgraue Töne zeigen. Der Geruch ist kautschukartig-aromatisch.

– Beim Feinborstigen Schirmling *(L. rhodorhiza)* ist der Hut feinschuppig-faserig mit weißen Lamellen. Die Grundfarbe des Stiels ist ockerrosa, die Basis oft feinflockig oder -schuppig und mit rötlichen Myzelsträngen versehen, die im Erdreich gut sichtbar sind. Er kommt, wie die folgende Art, in lichten Wäldern und Parks vor, gern an Wegrändern, ist jedoch äußerst selten. – Beim Fleischrötlichen Schirmling *(L. helveola)* reißt die Huthaut in der Mitte sternförmig auf und bildet schollige, rötlichbraune Schuppen auf cremefarbenem Grund. Die jung weißen Lamellen nehmen im Alter einen rötlichen Ton an. Der Stiel ist mit undeutlichen Zonen gegürtelt und trägt auf halber Höhe einen häutigen, fragilen Ring. Das blassrosa Fleisch riecht schwach, aber angenehm. Häufiger als in Mitteleuropa ist der Pilz in den Küstenregionen West- und Südeuropas. – Nah verwandt ist der Rosastielige Schirmling *(L. pseudohelveola)*. Der rosa- bis kastanienbraune Hut ist mit dichtstehenden, faserigen Schüppchen bedeckt. Die Lamellen sind weiß. Der rosabräunliche Stiel trägt einen hellbraun gesäumten, oberseits weißen, armbandartigen Ring; das Fleisch riecht leicht fruchtig.

Sämtliche hier aufgeführte Schirmlinge sowie einige weitere, oft schwer bestimmbare Verwandte sind giftig!

2

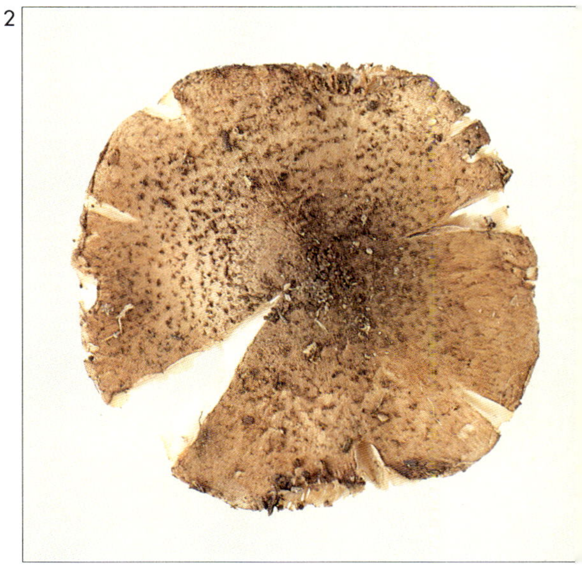

3

4

5

6

7

8

9

10 Der Gifthäubling *(Galerina marginata)* kann mit dem Stockschwämmchen (s. S. 43) verwechselt werden **(Abb. 1)**. Verschiedene Formen der Hutbekleidung des Fleischbräunlichen Schirmlings *(Lepiota brunneoincarnata)* mit den charakteristischen rötlich-braunen Schuppen **(Abb. 2, 3)**. Hüte des Weinrötlichen Schirmlings *(L. josserandii)* **(Abb. 4, 8)**. Fleischrötlicher Schirmling *(L. helveola)* **(Abb. 5)**. Olivgrauer Schirmling *(L. forquignoni)* **(Abb. 6)**. Rosastieliger Schirmling *(L. pseudohelveola)* **(Abb. 7, 9)**. Feinborstiger Schirmling *(L. rhodorhiza)* **(Abb. 10)**.

GIFTIGE RAUKÖPFE, KREMPLINGE UND LORCHELN

Der Orangefuchsige Raukopf *(Cortinarius orellanus)* gehört zur Großgattung der Schleierlinge. Manchmal wächst er an den gleichen Standorten wie die begehrten Pfifferlinge *(Cantharellus cibarius*, s. S. 91) und wird von unachtsamen Sammlern im Übereifer mitgepflückt. Am ehesten begegnet man ihm in montanen Laubwäldern unter Eichen und Birken. Er zieht trockene, klimatisch geschützte Lagen auf sauren Böden vor. Der feinfilzige Hut ist lebhaft orangebraun und hat einen breiten zentralen Buckel. Die orangegelben, ungleich langen, breiten und entferntstehenden Lamellen verfärben sich bei der Sporenreife rostbraun und sind am Stiel angeheftet. Der schlanke, zylindrische, fein längsfaserige und abwärts verjüngte Stiel ist wie der Hut gefärbt oder etwas kräftiger fuchsigbraun. Eine spinnwebartige Cortina schützt beim jungen Pilz die Lamellen, ist aber sehr flüchtig. Das Fleisch ist wie der Stiel gefärbt und riecht schwach nach Rettich.

Der Spitzgebuckelte Raukopf *(C. speciosissimus)* wächst nur auf sauren Böden. Man findet ihn vor allem unter Fichten in Moorwäldern, gern an feuchten bis nassen Standorten zwischen Torfmoosen *(Sphagnum)*, und eher im Bergland als in der Ebene. Mit dem Rückgang der Feuchtbiotope wird auch der Spitzgebuckelte Raukopf seltener. Der konische, wolligfaserige Hut ist am Scheitel oft auffallend zugespitzt (Name!); die Farbe variiert zwischen orangebraun und lebhaft rotbraun. Die Lamellen stehen dichter als beim Orangefuchsigen Raukopf, und der Stiel ist auf fuchsigbraunem Grund gelblich genattert. Das gelbe bis orangebraune Fleisch riecht leicht rettichartig.

Die Symptome einer „Orellanus-Vergiftung" – heftige Verdauungsstörungen, Erbrechen und Durchfälle – treten frühestens mehrere Tage und manchmal erst drei Wochen nach dem Verzehr auf. Bei Patienten, die die akute Vergiftung überleben, ist die Niere oft so stark geschädigt, dass sie sich fortan regelmäßig einer Hämodialyse (Blutwäsche) unterziehen müssen. Im übrigen ist bei allen Schleierlingen mit gelben, orangebräunlichen oder orangerötlichen Farben große Vorsicht am Platze, da es unter ihnen noch einige andere lebensgefährlich giftige Arten gibt.

Die beiden folgenden Giftpilze werden in älteren Pilzbüchern noch als Speisepilze bezeichnet. Inzwischen ist jedoch nachgewiesen, dass sie für eine Reihe von Vergiftungen mit tödlichem Ausgang verantwortlich sind.

Der Kahle Krempling *(Paxillus involutus)* ist einer unserer häufigsten Pilze und kommt in den unterschiedlichsten Biotopen vor: in Gärten, Parks, Wäldern, auf Wiesen und Zierrasenflächen. Der anfangs gebuckelte Hut ist bei alten Exemplaren flach trichterförmig vertieft und hat einen lange eingebogenen, feinsamtigen, im Alter gekerbten Rand. Die bei Feuchtigkeit schmierige Hutoberfläche ist anfangs gelbbraun und dunkelt später rotbraun nach. Die herablaufenden Lamellen lassen sich mit dem Fingernagel leicht vom Hutfleisch abstreifen und färben an Druckstellen dunkelbraun, ebenso wie das gelbliche bis bräunliche Fleisch. Der Stiel ist ziemlich kurz und an der Basis oft rotbraun überhaucht. Erwähnt sei auch der Erlenkrempling *(P. filamentosus)*, der gern auf Waldwegen unter Erlen gedeiht. Abgesehen von seinem dünnen, nicht oder nur geringfügig eingerollten Hutrand und dem meist schlankeren Habitus, ähnelt er dem Kahlen Krempling sehr.

Auch die Frühjahrslorchel *(Gyromitra esculenta)* ist ein Giftpilz mit bisweilen tödlicher Wirkung, obwohl der lateinische Artname *esculentus* „essbar" bedeutet! Äußerlich erinnert der Pilz an ein Gehirn, das einem Stiel aufsitzt. Der mehrfach gefaltete und gewundene, kastanienbraune bis rotbraune Hut ist im Normalfall etwas niedergedrückt und dadurch breiter als hoch. Auf der Oberseite der Hutwindungen werden in mikroskopisch kleinen Schläuchen *(Asci)* die Sporen produziert. Hohl wie der Hut ist auch der oft rillig-runzelige, weißliche bis rotbräunliche Stiel. Manchmal sind mehrere Exemplare an der Basis miteinander verwachsen. Das dünne, brüchige Fleisch ist weiß. Die Frühjahrslorchel wächst von März bis Mai, meist unter Kiefern, in Wäldern und Parks, gern zwischen Reisig. Sie kann in manchen Gebieten sehr häufig sein, meidet aber Kalkböden.

Frühjahrslorchel und Kahler Krempling werden nach wie vor von manchen Menschen gegessen. Zu Vergiftungen mit tödlichem Ausgang kommt es vor allem dann, wenn man diese Arten roh, ungenügend gekocht oder in zu großer Menge verzehrt. Die ersten Symptome treten einige Stunden bis zwei Tage nach der Mahlzeit in Form von Koliken auf. Todesfälle sind meist auf Nierenversagen zurückzuführen.

Die Riesenlorchel *(G. gigas)*, eine mehr montan verbreitete Nadelwaldart, und die Gipfellorchel *(G. fastigiata)*, die Laubwälder auf besseren Böden vorzieht, kommen ebenfalls im Frühjahr vor, während die Bischofsmütze *(G. infula)* ein Herbstpilz ist. Roh genossen, sind auch diese Arten sehr giftig.

1

2

3

4

5

7

6

8

9

10

Der Orangefuchsige Raukopf *(Cortinarius orellanus)* **(Abb. 1)** mit seinem feinfilzigen Hut **(Abb. 2)** und entferntstehenden, orangefuchsigen Lamellen **(Abb. 3)**. Der Spitzgebuckelte Raukopf *(C. speciosissimus)* wächst in moosreichen, feuchten Nadelwäldern **(Abb. 4)**. Der Kahle Krempling *(Paxillus involutus)* ist vor allem unter Birken sehr häufig **(Abb. 5, 8)**. Die Riesenlorchel *(Gyromitra gigas)*, meist größer und heller als die Frühjahrslorchel, kommt von März bis Mai in Wäldern und auf Kahlschlägen vor, gern an altem Nadelholz **(Abb. 6, 9)**. Die Bischofsmütze *(G. infula)* ist ein Herbstpilz **(Abb. 7)**. Die Frühjahrslorchel *(G. esculenta)* **(Abb. 10)** darf nicht mit Morcheln (s. S. 34) verwechselt werden.

GIFTIGE WULSTLINGE, RÖTLINGE UND RITTERLINGE

1

Der braune oder gelbbraune Hut des sehr giftigen Pantherpilzes *(Amanita pantherina)* ist mit dauerhaften weißen Hüllresten gesprenkelt. Er hat einen deutlich gerieften Rand und weiße Lamellen. Der am Grund knollig angeschwollene Stiel trägt einen ungerieften Ring. Die Scheide an der Stielbasis ist auf einen oder mehrere ringförmige Wülste reduziert. Das unveränderlich weiße Fleisch ist geruchlos. Der Pantherpilz wächst in Laub- und Nadelwäldern auf neutralen bis sauren Böden, nicht selten zwischen Heidekraut und Heidelbeersträuchern.

Weniger giftig als der Pantherpilz, wird der Fliegenpilz *(A. muscaria)* immer wieder als „der Pilz schlechthin" dargestellt. Von Kindern obendrein zum „schönsten Pilz" gewählt, verdankt er es seinem leuchtend roten, mit weißen Hüllflocken getupften Hut, dass alle Welt ihn kennt. Lamellen, Stiel und Ring sind einheitlich weiß. Die knollige Stielbasis ist mit mehreren übereinander stehenden Flockengürteln geschmückt; das weiße Fleisch ist geruchlos. Der Fliegenpilz ist besonders unter Fichten und Birken häufig, kommt aber auch unter anderen Bäumen vor.

Ein kleinerer und seltenerer Verwandter ist der Narzissengelbe Wulstling *(A. gemmata)*. Er verdankt seinen Namen dem lebhaften Gelb des mit ziemlich großen, fleckigen Hüllresten geschmückten Hutes. Die Lamellen, der relativ kurze Stiel, der lockere, hinfällige Ring und das nahezu geruchlose Fleisch sind weiß. Die Scheide am Stielgrund ist manchmal gut erkennbar, kann aber auch nur aus einem oder mehreren ringförmigen Flockengürteln bestehen. Der Narzissengelbe Wulstling wächst vom späten Frühjahr bis in den Spätherbst hinein unter Laub- und Nadelbäumen.

Die drei genannten Arten sind giftig und verursachen schon bald nach dem Genuss heftiges Erbrechen und Durchfälle, die oft mit Erregungszuständen und nervlichen Problemen verbunden sind. Insbesondere Pantherpilzvergiftungen können unter Umständen lebensbedrohend sein.

Auch der Tigerritterling *(Tricholoma pardinum)* hat bereits tödliche Vergiftungen hervorgerufen. Der dickfleischige, anfangs gewölbte, später ausgebreitete Hut ist mit feinen, aschgrauen Schuppen bedeckt; der Rand bleibt lange eingerollt. Der an der Basis oft ockerliche Stiel hellt nach oben zu auf. Die Lamellen sind weißlich bis blassgelb; das weiße Fleisch riecht nach Mehl. Der Tigerritterling wächst einzeln oder in kleinen Gruppen vor allem in Gebirgswäldern auf Kalkböden (Alpen, Jura, Vogesen) und kann mit essbaren grauen Erdritterlingen (s. S. 21) verwechselt werden. Die Vergiftungen, die er hervorruft, wirken sich besonders auf den Magen-Darm-Trakt aus (gastrointestinales Syndrom).

Vergiftungen durch den Riesenrötling *(Entoloma lividum)* treten nur regional häufiger auf (z. B. in Ostfrankreich und der Schweiz). Die fleischigen, angenehm nach frischem Mehl duftenden Fruchtkörper wirken durchaus verlockend. Der erst cremeblasse, dann ockergraue, seidig-glatte, mitunter unregelmäßig verformte Hut hat oft einen eingerollten Rand. Die anfangs gelblichen, nicht sehr engstehenden Lamellen verfärben bei der Sporenreife rosabräunlich. Das Sporenpulver ist rosa. Der fleischige, derbe, oft unregelmäßig verbogene Stiel ist auf der blass ockerlichen, bereiften Oberseite fein längsstreifig; das feste, milde Fleisch ist weiß und riecht mehlartig. Es ruft eine Vergiftung des Magen-Darm-Trakts hervor, zu deren Symptomen schon bald nach der Mahlzeit auftretendes Erbrechen und Durchfälle gehören. Der Arzt bemüht sich darum, den Wasserhaushalt des Erkrankten wieder in Ordnung zu bringen. Vereinzelte Todesfälle sind bekannt geworden. Verwechselt werden kann der Riesenrötling mit dem Nebelgrauen Trichterling *(Lepista nebularis*, s. S. 27).

2

3

4

5

6

7

8

9

Der Pantherpilz *(Amanita pantherina)* kann u. a. mit dem Grauen Wulstling und dem Perlpilz (s. S. 23) verwechselt werden **(Abb. 1)**. Narzissengelbe Wulstlinge *(A. junquillea)* **(Abb. 6)**. Junge Fliegenpilze *(A. muscaria)* **(Abb. 2, 4)** und ältere Exemplare, die hier ausnahmsweise auf einem alten Baumstumpf wachsen **(Abb.9)**. Tigerritterlinge *(Tricholoma pardinum)*, hier in einer ungewöhnlich dunklen Form **(Abb. 3)**. Verwechslungsgefahr besteht mit grauen Erdritterlingen (s. S. 71). Verschiedene Formen des Riesenrötlings *(Entoloma lividum)*, der mit Nebelgrauen Trichterlingen (s. S. 27) verwechselt werden kann **(Abb. 5, 7, 8)**.

GIFTIGE TRICHTERLINGE UND RISSPILZE

1

Bei weißen Lamellenpilzen ist grundsätzlich Vorsicht geboten: Haben sie eine Stielscheide und einen Ring, kann es sich um Knollenblätterpilze handeln (s. S. 6f.). Bei herablaufenden Lamellen und bereiften, wie mit Firnis überzogenen oder seidig glänzenden Hüten, hat man es wahrscheinlich mit weißen Trichterlingen aus der Gattung *Clitocybe* zu tun, zu denen einige gefährliche Giftpilze gehören.

Einer davon ist der Rinnigbereifte Trichterling *(C. dealbata)*. Seine Hutoberfläche wirkt stellenweise wie marmoriert und fleckt im Alter beige. Die Lamellen laufen nur kurz herab und zeigen in der Aufsicht einen schwachen Ockerschimmer. Auch der Stiel ist stellenweise beigeocker gefleckt. Das weiße Fleisch riecht ein wenig nach ranzigem Mehl. Der Pilz wächst von Sommer bis Herbst vorwiegend auf Wiesen, seltener im Wald.

Giftig ist auch der Bleiweiße Trichterling *(C. cerussata)* mit ebenfalls weißem, firnisartig bereiftem, kaum geflecktem Hut und breit angewachsenen weißen Lamellen. Stiel und Fleisch bleiben unverändert weiß, der schwache Geruch erinnert an Mehl. Der Pilz wächst in Nadelwäldern und an deren Rändern.

Noch mehrere andere, oft schwer bestimmbare weiße Trichterlinge verbergen sich in der Natur. Sie sind größtenteils giftig und sollten nicht gesammelt werden.

Ein ungewöhnlicher Giftpilz ist der Ölbaumtrichterling *(Omphalotus olearius)*. Er wächst büschelig am Grunde alter Ölbäume im Mittelmeergebiet, tritt aber in warmen Lagen (Südwestdeutschland!) an alten Eichen und Edelkastanien auch nördlich der Alpen auf. Die im Alter trichterig vertieften, gelborangefarbenen Fruchtkörper können recht groß werden. Die Hüte sind bis zum lange eingerollten Rand mit dunkleren, radialen Fasern durchzogen. Die Lamellen sind wunderschön goldgelb und laufen weit an dem zur Basis hin verjüngten, oft exzentrischen, längsfaserigen und lederig-zähen Stiel herab.

Zur Gattung Risspilze *(Inocybe)* zählen in Mitteleuropa an die hundert Arten, von denen die meisten giftig sind.

Der Ziegelrote Risspilz *(I. erubescens)* wächst schon im Frühjahr unter Laubbäumen (Buchen, Linden) auf Kalkboden, gern in Parks und an Waldrändern. Der konische Hut bleibt lange gebuckelt; die seidig glänzende Oberfläche ist auf blassem Grund mit gelbockerlichen Radialfasern durchzogen, der Hutrand ist oft eingerissen. Der weiße Stiel und das feste Fleisch flecken im Alter, nach dem Aufschneiden und bei Berührung allmählich ziegelrot, die erst weißen Lamellen werden im Alter bräunlich.

Der Grünscheitelige Risspilz *(I. corydalina)* ist an den grünen oder graugrünen Tönen des Hutbuckels erkennbar, die bisweilen auch am Stiel auftreten. Typisch ist zudem der süßliche, an Lerchensporn (Corydalis) erinnernde Geruch.

Der Seidige Risspilz *(I. geophylla)* ist eine kleinere, weißstielige Art mit weißem, seidig glänzendem Hut. Die Lamellen sind beige bis blassbraun, der Geruch erinnert entfernt an Camembert.

Generell gilt, dass man kleine bis mittelgroße Lamellenpilze mit kegeligem, mehr oder minder spitzbuckeligem Hut und radialfaseriger bis wollig-filziger Hutoberfläche nicht als Speisepilze verwenden sollte. Die genaue Artbestimmung ist oft schwer.

Vergiftungen durch Trichterlinge und Risspilze werden z. T. – wie beim Fliegenpilz – durch Muskarin hervorgerufen und wirken vorrangig auf den Magen-Darm-Trakt. Sie rufen Koliken und Durchfälle, Schweißausbrüche und andere Formen übermäßiger Sekretion hervor, die zur Austrocknung des Körpers führen können.

2

3

4

5

6

7

8

9

Ausgereifte Ölbaumtrichterlinge *(Omphalotus olearius)* mit trichterförmigen Hüten **(Abb. 1, 5)**. Junge Ölbaumtrichterlinge; die Hüte sind noch gebuckelt. Unvorsichtige Sammler haben den Pilz schon mit Pfifferlingen (s. S. 90f.) verwechselt **(Abb. 2)**. Bleiweißer Trichterling *(Clitocybe cerussata)* **(Abb. 3, 4)**. Grünscheiteliger Risspilz *(Inocybe corydalina)* **(Abb. 6)**. Der Ziegelrote Risspilz oder Mairisspilz *(I. erubescens)* erscheint bereits vor der eigentlichen Pilzsaison **(Abb. 8)**. Der Seidige Risspilz *(I. geophylla)* gehört zu den häufigsten Vertretern der Gattung. Er wächst gerne an Straßen- und Wegrändern in Wäldern und kommt auch in einer violetten Farbvariante vor **(Abb. 9)**.

HAUTKÖPFE, KORALLEN, TINTLINGE UND ANDERE GIFTPILZE

1

2

Der Blut-Hautkopf *(Cortinarius sanguineus)* ist eine relativ kleine Art, die man vor allem in feuchten, moosigen Nadelwäldern findet. Bis auf die rosa Stielbasis ist er in allen Teilen dunkel blutrot gefärbt. Die ziemlich entferntstehenden Lamellen erreichen den Stiel. Der Geschmack ist leicht bitterlich. Beim Blutblättrigen Hautkopf *(C. semisanguineus)* sind nur die Lamellen dunkel blutrot; Hut und Stiel sind kastanienbraun bis kupferrot. Farblich zwischen den beiden Arten steht der Rotbeschleierte Hautkopf *(C. phoeniceus)* mit roten Lamellen und auf ockerlichem Grund purpurrot überlaufenem Hut. Der Stiel ist oben wie der Hut gefärbt und zur Basis hin oft mit einem feinen rosa Flaum überzogen. – Beim Zimtbraunen Hautkopf *(C. cinnamomeus)* sind Hut und Stiel rot- bis olivbraun und die Lamellen orange- bis zimtbraun. Neben den genannten Arten gibt es noch andere giftige Hautköpfe, deren Bestimmung oft nicht einfach ist.

Der Birkenreizker *(Lactarius torminosus)* kann heftige Magen-Darm-Störungen hervorrufen. Arttypisch ist der rosa oder rotgelblich gezonte, bei Feuchtigkeit klebrig-schmierige und im Alter trichterförmige Hut, dessen wollig-filziger Rand lange eingerollt bleibt. Die Lamellen sind kurz herablaufend. Der Stiel ist brüchig und bald hohl.

Der Speitäubling *(Russula emetica)* fällt durch den lebhaft roten Hut und fast freie, weiße Lamellen auf. Auf dem weißen, schwammig-weichen Stiel liegt ein perlmuttartiger Schimmer. Das Fleisch riecht leicht fruchtig und schmeckt brennend scharf.

Ein Giftpilz unter den Röhrlingen ist der Satanspilz *(Boletus satanas)*. Er kommt nur in wärmebegünstigten Laubwäldern auf Kalkböden vor. Der feinsamtige, weißliche Hut ist stellenweise graufleckig. Die beim jungen Pilz gelben Poren werden später blutrot und laufen auf Druck blau an. Der schwere, bauchige, oben gelbe, in der Mitte rote und im Basisbereich schmutzig gelbgrüne Stiel ist mit einem roten Netz überzogen. Das weiße bis blassgelbe Fleisch blaut im Schnitt nur sehr langsam.

Die vielen Äste der Dreifarbigen Koralle *(Ramaria formosa)* sind unten weiß, in der Mitte rosa und an den Spitzen gelb. Das weiße Fleisch verfärbt sich im Schnitt rotbräunlich.

Der Graue Tintling *(Coprinus atramentarius)* ist essbar, darf jedoch nicht mit Alkohol zusammen genossen werden. Anfangs eiförmig geschlossen, breitet sich der Hut später aus. Die zunächst weißen, später dunkel purpurbraunen und sich am Ende in eine schwarze Flüssigkeit auflösenden Lamellen stehen dicht an dicht.

Zitronengelbe, in der Mitte mehr orangebraune Hüte, auffallend grüne bis gelbgrüne Lamellen und Stiele sowie äußerst bitterer Geschmack kennzeichnen den meist büschelig auf Laubholz wachsenden Grünblättrigen Schwefelkopf *(Hypholoma fasciculare)*.

Der Tongraue Fälbling *(Hebeloma crustuliniforme)* hat einen etwas feuchten, schmierigen Hut, in dessen Farbe sich warme Braun- und Ockertöne mischen. Der Rand ist meist weißlich, die Lamellen sind blass tongrau. Den unten knolligen Stiel überzieht eine feinflockige Bereifung. Der Große Rettichfälbling *(H. sinapizans)* ist sehr ähnlich, weist aber mehr kupferbraune Töne auf, und die anfangs blassen, dichtstehenden und ziemlich breiten Lamellen verfärben später schmutzig-bräunlich. Der ockerliche Stiel ist unterhalb des Hutes feinschuppig und wird bald hohl. Das Fleisch schmeckt bitter und riecht nach Rettich.

Der Karbol- oder Giftchampignon *(Agaricus xanthoderma)*, sieht jung recht einladend aus und ist auf den ersten Blick kaum vom Schafchampignon und nahestehenden Arten (s. S. 30) zu unterscheiden. Typisch sind der im Schnitt trapezförmige Hut sowie das sehr schnelle Gilben von Hut und Stielknolle bei Verletzungen. Auch der zahnradartige Ring gilbt. Während die essbaren Verwandten nach Anis duften, riecht der Karbolchampignon unangenehm nach mit Jod gemischter Tinte.

Giftig wie viele andere kleine Schirmlinge ist der Stinkschirmling *(Lepiota cristata)*. Die außen ockerliche bis blass rosabräunliche Huthaut ist in der Mitte dunkler rotbraun und mit rotbraunen Schüppchen bedeckt. Der Stiel ist weiß wie die Lamellen, verfärbt im unteren Teil aber oft rotbraun und trägt einen kleinen, sich rasch verflüchtigenden Ring. Der Geruch ist stechend und sehr unangenehm. Der Stinkschirmling wächst in Wäldern, Gärten, auf Wiesen und an Straßenrändern und ist sehr häufig.

3

4

5

6

7

8

9

10

11

12

13

14 Rotbeschleierter Hautkopf *(Cortinarius phoeniceus)* **(Abb. 1)**. Blutblättriger Hautkopf *(C. semisanguineus)* **(Abb. 4)** und Blutroter Hautkopf *(C. sanguineus)* **(Abb. 5)**. Der Birkenreizker *(Lactarius torminosus)* wächst stets unter Birken **(Abb. 2)**. Der Grünblättrige Schwefelkopf *(Hypholoma fasciculare)* bildet oft dichte Büschel **(Abb. 3, 6)**. Die Dreifarbige Koralle *(Ramaria formosa)* kann mit zahlreichen anderen Korallenpilzen verwechselt werden **(Abb. 7)**. Der Tongraue Fälbling *(Hebeloma crustuliniforme)* **(Abb. 8)** und der Große Rettich-Fälbling *(H. sinapizans)* **(Abb. 11)** riechen beide nach Rettich. Stinkschirmling *(Lepiota cristata)* **(Abb. 9)**. Grauer Tintling *(Coprinus atramentarius)* **(Abb. 10)**. Satanspilz *(Boletus satanas)* **(Abb. 12)**. Der Karbolchampignon *(Agaricus xanthoderma)* kann mit Schaf- und Wiesenchampignons verwechselt werden **(Abb. 13)**. Viele rote Täublinge *(Russula spec.)* haben brennend scharfes Fleisch **(Abb. 14)**.

STEINPILZE UND ANDERE SCHMACKHAFTE RÖHRLINGE

1

2

Der Steinpilz ist der bekannteste Röhrling und einer der beliebtesten Speisepilze. Es gibt mehrere nah verwandte Arten, die sich u. a. in den Brauntönen der Hutfarbe unterscheiden. Die Röhrenmündungen (Poren) auf der Hutunterseite sind weiß, gelb oder grünlich; das milde, weiße Fleisch blaut im Schnitt nicht. Der oft sehr kompakte, bauchige Stiel ist ganz oder teilweise mit einem feinen, erhabenen Netz überzogen.

Dank ihrer oft recht imposanten Größe sind Röhrlinge vergleichsweise leicht zu entdecken. Außerdem treten sie bei günstiger Witterung oft in großer Zahl auf. Der Steinpilz im engeren Sinn *(Boletus edulis)* wird manchmal auch Fichtensteinpilz genannt und wächst von Juni bis in den Spätherbst hinein meist, aber nicht ausschließlich, unter Fichten. Den Sommersteinpilz *(B. aestivalis)* findet man oft schon Ende Mai und im Frühsommer. Junge, noch geschlossene Hüte sitzen wie Sektkorken auf den dicken Stielen. Wegen seines aromatischen Geschmacks sehr begehrt, aber nur in Südeuropa häufiger ist der Schwarzhütige Steinpilz *(B. aereus)*. Der Kiefernsteinpilz *(B. pinophilus)* wächst, wie der Name schon sagt, unter Kiefern, besonders in älteren Wäldern. Sein schmackhaftes Fleisch bleibt lange fest. Kennzeichnend sind der dunkel rotbraune, oft runzlige und etwas schmierige Hut sowie der meist unförmig bauchige Stiel. Auch andere „Dickröhrlinge“ aus der Gattung Boletus sind essbar, z. B. der oft verkannte Flockenstielige Hexenröhrling *(Boletus erythropus)*, dessen festes, im Schnitt sofort tiefblau anlaufendes Fleisch nur selten madig ist. Man darf ihn allerdings nicht roh essen. – Meist den „Filzröhrlingen“ *(Xerocomus)* zugerechnet wird die Marone *(X. badius)*, einer der häufigsten Röhrlinge in Wäldern auf sauren Böden.

Steinpilze und Maronen werden manchmal mit dem Gallenröhrling *(Tylopilus felleus)* verwechselt. Gefährlich ist eine solche Verwechslung nicht, aber unangenehm, denn der ungiftige Gallenröhrling schmeckt furchtbar bitter und verdirbt jedes Gericht. Ein gutes Kennzeichen sind die rosa Poren. Einer der wenigen echten Giftpilze unter den Röhrlingen ist der weißhütige, rotstielige Satanspilz *(B. satanas*, s. S. 17).

Röhrlinge kommen in Wäldern, Parks und Gärten vor, vorausgesetzt entsprechende Baumpartner sind in der Nähe. Sie sind Mykorrhizapilze, d. h. sie leben in Symbiose mit verschiedenen Bäumen, die über sie bestimmte Nährstoffe aufschließen können. Der Pilz trägt somit zum Gedeihen des Baumes bei.

3

4

5
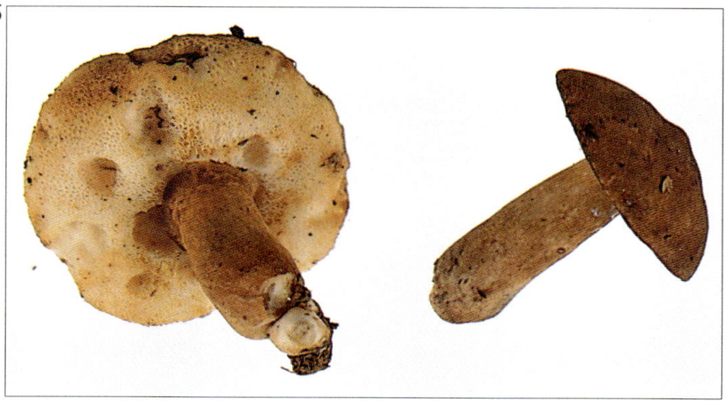

6

7

8

9

10

11

12

13

Der Kiefernsteinpilz *(B. pinophilus)* ist einer der besten Speisepilze, aber eher selten **(Abb. 1)**. Der Fichtensteinpilz *(B. edulis)* hat oft einen leicht schmierigen und etwas glänzenden Hut. Die Huthaut ist am Rand oft aufgehellt und steht als dünnes Häutchen über **(Abb. 2, 4, 9, 10)**. Manchmal begegnet man auch Zwillingsfruchtkörpern **(Abb. 9)**. Der Sommersteinpilz *(B. aestivalis)* hat einen feinsamtigen Hut und trägt ein ausgeprägtes Stielnetz, das meist heller ist als der Grund. Er erscheint oft schon im Mai und Juni **(Abb. 8)**. Der Schwarzhütige Steinpilz *(B. aereus)* ist vor allem seines festen Fleisches wegen begehrt **(Abb. 6)**. Alte Fruchtkörper mit aufgebogenem Hut sollten stehengelassen werden, damit sie ihre Sporen ausstreuen können **(Abb. 12)**. Das Fleisch des Flockenstieligen Hexenröhrlings *(B. erythropus)* verfärbt im Schnitt tiefblau. Die Verfärbung verschwindet beim Kochen und beeinträchtigt den Speisewert nicht. Junge Stiele sind weniger oft von Insektenlarven befallen als bei anderen Röhrlingen **(Abb. 7, 13)**. Die Marone *(Xerocomus badius)* erreicht nur selten Steinpilzgröße; sie wächst einzeln oder in Scharen in Wäldern auf sauren Böden **(Abb. 3)**. Der Hasenröhrling *(Gyroporus castaneus)* ist eine seltenere Art mit hohlem Stiel, die zwar essbar ist, aber besser geschont werden sollte **(Abb. 5)**.

1

ESSBARE RITTERLINGE UND VERWANDTE ARTEN

Ritterlinge und einige ihnen nahestehende Arten und Gattungen haben den Vorteil, dass sie sich von den ersten herbstlichen Nachtfrösten nicht abschrecken lassen. Oft sind sie es, die den jährlichen Reigen der Speisepilze beschließen. Einige Arten kommen allerdings auch schon im Frühjahr vor. Generell eignen sich die „Ritterlingsartigen" gut zum Einfrieren. Ihr Fleisch bleibt nach dem Kochen noch recht fest und schrumpft nicht so stark zusammen. Besonders harte oder zähe Arten sollten vor dem Genuss mindestens zwanzig Minuten lang gekocht werden. Ritterlinge kommen gern gesellig vor, sodass man sie oft in größeren Mengen ernten kann. Eine sorgfältige Beachtung der botanischen Merkmale ist unerlässlich, um Verwechslungen mit giftigen Arten auszuschließen: Die Ritterlinge sind Lamellenpilze ohne Knolle und Scheide sowie – mit Ausnahme des unter Weiden wachsenden Beringten Ritterlings *(Tricholoma cingulatum)* – auch ohne Stielring, wenngleich bei manchen Arten gegürtelte oder „gestiefelte" Stiele vorkommen. Ein ernstzunehmender Giftpilz ist der Tigerritterling *(T. pardinum,* s. S. 12f.), dessen Merkmale man sich unbedingt einprägen sollte. Viele andere sind gute Speisepilze, doch gibt es unter den braunen, gelben und weißen Arten auch einige ungenießbare oder schwach giftige mit sehr unangenehmem Geruch oder bitterem Geschmack. – Die hübschen Lacktrichterlinge *(Gattung Laccaria)* werden als Speisepilze oft verkannt, können aber manches Pilzgericht garnieren. Die faserig-zähen Stiele verwendet man besser nicht.

2

3

4

5

6

7

8

9

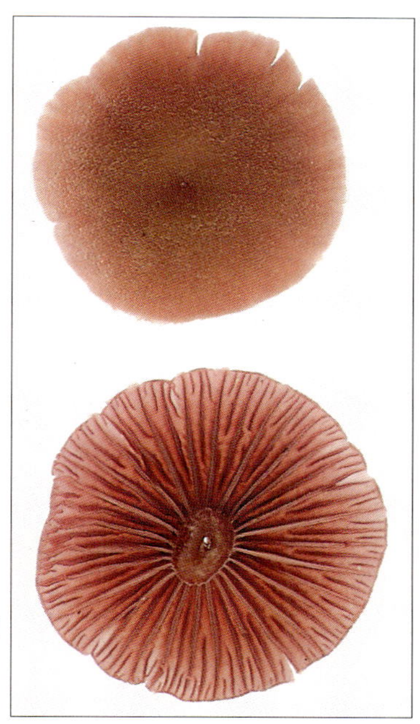

10

11

12

13

Der Grünling *(Tricholoma equestre)* ist ein guter Speisepilz, der früher den Rittern und Edelleuten vorbehalten war. Leider ist er durch Umwelteinflüsse vielerorts selten geworden **(Abb. 1)**. Der Seidige Ritterling *(T. columbetta)* darf wegen Verwechslungsgefahr mit ungenießbaren oder giftigen weißen Arten nur von Kennern gesammelt werden; typisch für ihn sind bläuliche oder grünliche Flecken an Hut und Stiel **(Abb. 4)**. Der Gemeine Erdritterling *(T. terreum)* wird oft mit nahestehenden Arten verwechselt. Man findet ihn vor allem in Nadelwäldern über Kalk **(Abb. 8)**. Ähnlich ist der schmackhafte Schwarzfaserige Ritterling *(T. portentosum)*, dessen radialfaserige Huthaut bisweilen aufplatzt und das weißliche bis blassgelbe Fleisch durchscheinen lässt **(Abb. 11)**. Lacktrichterlinge *(Laccaria spp.)* sind wahre Chamäleons. Man unterscheidet rötliche Arten *(Gruppe um L. laccata)* **(Abb. 2, 9)** und violette (Gruppe um *L. amethystina)* **(Abb. 10, 13)**, doch gibt es auch Übergänge. Essbar sind sie alle – bunte Farbtupfer im Pilzgericht! – Der ebenfalls essbare Ockerbraune Büschelrasling *(Lyophyllum decastes)* wächst meist in großen Büscheln an Wegrändern in Wäldern, Parks und Gärten. Sein Fleisch ist biegsam-elastisch **(Abb. 6)**. Im Fallaub und in Nadelstreupolstern wächst im Herbst der Violette Rötelritterling *(Lepista nuda)*, dessen kulinarischer Wert umstritten ist: Nicht jedem sagt der stark aromatische Geschmack zu **(Abb. 7)**. Der Fuchsige Rötelritterling *(L. inversa)* kommt oft in großer Zahl im Nadelwald vor und ist an seiner Farbe und dem trichterförmigen Hut leicht erkennbar **(Abb. 3)**. Auf Wiesen wächst nach dem ersten Frost der Lilastiel-Ritterling *(L. personata)* **(Abb. 12)**. Weniger bekannt und als Speisepilz kaum erprobt ist der Rosenrote Schönkopf *(Rugosomyces persicolor)*, dem man ebenfalls auf Wiesen und Weiden begegnet **(Abb. 5)**.

1

ESSBARE WULSTLINGE, CHAMPIGNONS UND SCHIRMLINGE

2

Schon das Wort „Knollenblätterpilz" lässt den Sammler erschaudern, doch gehören der in Europa ungefähr siebzig Arten umfassenden Gattung Amanita neben den drei tödlich giftigen und einigen anderen gefährlichen Giftpilzen auch mehrere gute Speisepilze an.

Die begehrtesten sind der berühmte Kaiserling *(A. caesarea)* und der durch sein rötendes Fleisch gekennzeichnete Perlpilz *(A. rubescens)*, daneben werden auch verschiedene Scheidenstreiflinge (s. S. 92f.) gesammelt.

Unter den etwa neunzig Schirmlingen (Gattungen *Lepiota* und *Macrolepiota*) befindet sich ein gutes Dutzend Speisepilze. Alle anderen sind giftig oder zumindest giftverdächtig, insbesondere die Gruppe der rötlich oder rosa anlaufenden um *L. helveola* (s. S. 8f.). Gern gesammelt, da sie kaum verwechselbar sind, werden Riesenschirmlinge wie der Parasol *(M. procera)*. Man verwendet meist die jungen, noch geschlossenen Hüte, da die grobfaserigen Stiele zu zäh sind. Die Schirmlinge haben weißes oder cremefarbenes, die nahestehenden Champignons (Gattung *Agaricus*) purpurbraunes bis schwarzes Sporenpulver. Zu den Champignons gehören zahlreiche aromatisch duftende Speise- und nur wenige Giftpilze (z. B. der Karbolchampignon, s. S. 16f.). Champignons haben gute Merkmale, die man kennen muss, um tödliche Verwechslungen mit Knollenblätterpilzen auszuschließen. Die meisten Arten sind sehr schnellwüchsig, d. h. sie sprießen in Wäldern und auf Wiesen nach sommerlichen Gewitterregen „wie die Pilze" aus dem Boden. Der Zuchtchampignon *(Agaricus bisporus)*, ein kleiner Vetter des Wiesenchampignons *(A. campester)*, wird in großem Stil angebaut. Unter den wildwachsenden finden sich sowohl weißhütige als auch braunschuppige Arten. Das Fleisch ist unveränderlich, oder es gilbt oder rötet im Schnitt. Wegen Schadstoffanreicherungen sollte man Pilze, die am Rand vielbefahrener Straßen wachsen, nicht für den Kochtopf sammeln.

3

4

5

6

7

8

9

10

11

12

13

14

15

16

17

18

19

Der Parasol *(Macrolepiota procera)* mit seinem nussartigen Geschmack ist bei Feinschmeckern beliebt – vor allem im „Paukenschlegelzustand“ mit noch geschlossenem Hut. Die zähen Stiele werden nicht verwendet **(Abb. 3, 6, 8)**. Verwandt und ebenfalls essbar ist der Ackerschirmling *(M. excoriata)*, den man an grasigen Standorten außerhalb des Waldes findet **(Abb. 12)**. An ähnlichen Stellen sowie in Gärten und an Straßenrändern wächst der Rosablättrige Schirmling *(Lepiota pudica = Leucoagaricus leucothites)*; er ist zwar essbar, kann jung aber mit weißen Knollenblätterpilzen verwechselt werden **(Abb. 17, 19)**. Dünnfleischiger Anis-Champignon *(Agaricus silvicola)*: von tödlich giftigen weißen Knollenblätterpilzen (s. S. 6f.) unterscheiden ihn die fehlende Stielscheide und die im Alter dunkelbraunen Lamellen. Nur sicher bestimmte Champignons dürfen gegessen werden **(Abb. 1, 2)**! Ähnlich, aber meist viel stattlicher, ist der Schafchampignon *(A. arvensis)*. Oft genügen wenige Exemplare, um den Korb zu füllen **(Abb. 7)**. Auf Viehweiden wächst oft in Hexenringen der Wiesenchampignon *(A. campestris)* **(Abb. 4)**. Den Kleinen Waldchampignon *(A. silvaticus)*, dessen Fleisch im Schnitt rötet, findet man in der Fichtennadelstreu **(Abb. 14)**. Die Hutschuppung – ob fein oder grob, ob weiß, gelb oder braun – ist ein wichtiges Merkmal der Champignons **(Abb. 11)**. Den Wohlgeschmack des Kaiserlings *(Amanita caesarea)* wussten schon die Römer zu schätzen. Er ist wärmeliebend und nördlich der Alpen sehr selten. Vom Fliegenpilz (s. S. 12f.) unterscheidet er sich durch gelbes Fleisch, gelbe Lamellen und die abstehende Scheide ohne Flockengürtel **(Abb. 5, 9, 10)**. Der Perlpilz *(A. rubescens)* ist roh giftig, gut gekocht aber essbar und beliebt; das Fleisch rötet im Schnitt **(Abb. 13, 15)**. Mit den Wulstlingen nah verwandt ist der Getropfte Schleimschirmling *(Limacella guttata)*. Lamellen, Stielspitze und Ring sind frisch mit kleinen Tröpfchen besetzt. Der Pilz ist essbar, doch sagt der starke Mehlgeschmack nicht jedem zu **(Abb. 18)**.

1

ESSBARE PILZE OHNE RÖHREN ODER LAMELLEN

Schon in der Antike wurden Pilze gegessen – und ihre kulinarische Faszination ist bis heute ungebrochen. Die Kochkunst kennt tausenderlei Zubereitungsarten: Man tischt sie kalt auf oder warm, in Salaten, als Gemüse, in Soßen und Suppen, zu Fleisch oder Fisch, in Pasteten, zur Pizza oder als Einzelgericht. Die Kochzeit richtet sich nach der Beschaffenheit – feste Arten brauchen etwas länger.

Pilze sollten nicht zu alt gesammelt und möglichst bald zubereitet werden. Beim Putzen werden Humusreste und Insektenfraßstellen entfernt. Außerdem vergewissere man sich noch einmal, dass die Bestimmung hieb- und stichfest war; beim geringsten Zweifel muss die kritische Art aussortiert werden. Es gibt viele Pilzrezepte, doch sind der Fantasie des Kochs keine Grenzen gesetzt.

2

3

4

5

6

7

8

9

10

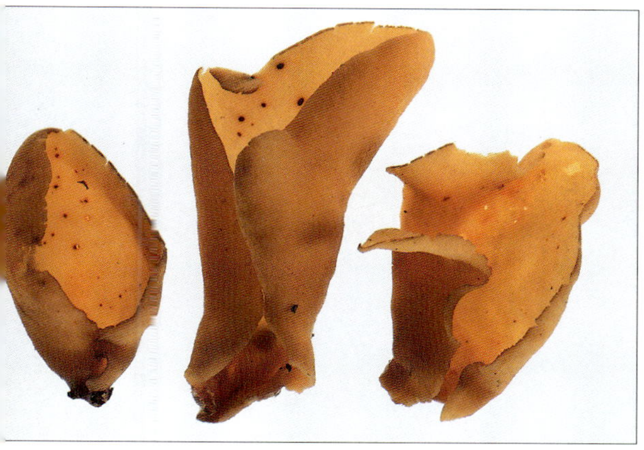
11

12

13

14

15

16

Rötender Stoppelpilz *(Hydnum rufescens)* **(Abb. 1)** und Semmelstoppelpilz *(H. repandum)* **(Abb. 4)** schmecken besonders delikat, wenn sie mit Sahne zubereitet werden. Auch der Habichtspilz *(Sarcodon imbricatus)* ist ein guter Esspilz, alte Stücke werden jedoch bitter **(Abb. 13)**. Der Orangebecherling *(Aleuria aurantia)* **(Abb. 2)** und der im Vorfrühling an Totholz wachsende Scharlachrote Kelchbecher *(Sarcoscypha coccinea)* **(Abb. 5)** werden manchmal mit Kirschwasser konsumiert. Die Grubenlorchel *(Helvella lacunosa)* **(Abb. 3)** und die Herbstlorchel *(H. crispa)* **(Abb. 12)** sind mit den Morcheln (s. S. 34f.) verwandt, wachsen aber im Herbst. Ebenso wie die Hochgerippte Becherlorchel *(H. acetabulum)* **(Abb. 16)** dürfen sie nur gut gekocht verzehrt werden. Einer der beliebtesten Speisepilze ist der Pfifferling *(Cantharellus cibarius)* **(Abb. 6)**. Er gehört wie der ebenfalls essbare Trompetenpfifferling *(C. tubaeformis)* zu den Leistenpilzen und wächst im Nadelwald **(Abb. 7)**. Die Krause Glucke *(Sparassis crispa)* **(Abb. 8)** und die Breitblättrige Glucke *(S. laminosa)* **(Abb. 9)** eignen sich zum Dünsten. Rotbraune Gallertbecher *(Tremiscus helvelloides)* schmecken fade und sind gummiartig-zäh. Manchmal werden kalte Platten mit ihnen geschmückt **(Abb. 10)**. Auch das Eselsohr *(Otidea onotica)* ist eher dekorativ als schmackhaft **(Abb. 11)**. Der Schuppige Porling *(Polyporus squamosus)* ist nur ganz jung genießbar **(Abb. 14)**. Den Riesenbovist *(Langermannia gigantea)* schneidet man seiner Größe wegen am besten in Scheiben **(Abb. 15)**.

1

WENIGER BEKANNTE ESSBARE LAMELLENPILZE

Es gibt viele essbare Lamellenpilze, die noch kaum bekannt sind. Sie unterscheiden sich in Form, Farbe, Geruch, Geschmack und Konsistenz und ergeben interessante Mischgerichte für experimentierfreudige Köche.
Manche Sammler sind auch einfach neugierig auf ungewöhnliche Arten. Je ausgefallener die Pilze sind, die man sammeln möchte, desto größer werden allerdings auch die Anforderungen an die Pilzkenntnis. Und bedenken Sie stets eines: Auch ungenießbare Pilze erfüllen wichtige Aufgaben im Naturkreislauf und verdienen unseren Respekt!

2

3

4

5

6

7

8

9

10

11

12

13

14

15

Um Verwechslungen mit Gifttrichterlingen (s. S. 14f.) zu vermeiden, sollte man Mehlräslinge *(Clitopilus prunulus)* nur sammeln, wenn die Lamellen bereits rosa sind **(Abb. 1)**. Das gleiche gilt für blasse Formen des Grünen Anistrichterlings *(Clitocybe odora)*, dessen Hauptmerkmal der starke Anisgeruch ist **(Abb. 2)**. Das Kuhmaul *(Gomphidius glutinosus)* **(Abb. 4)** und der Kupferrote Gelbfuß *(Chroogomphus rutilus)* **(Abb. 3)** sind u. a. an ihrer charakteristischen Form zu erkennen. Beim Putzen sollte man die schleimige bzw. klebrige Huthaut abziehen. Ein guter Speisepilz ist der Frauentäubling *(R. cyanoxantha)*. Die genaue Bestimmung der etwa 200 mitteleuropäischen Täublinge ist eine Wissenschaft für sich **(Abb. 5)**. Der Reifpilz *(Rozites caperata)* ist in letzter Zeit immer seltener geworden und verdient Schonung **(Abb. 6)**. Die Meinungen über den Falschen Pfifferling *(Hygrophoropsis aurantiaca)* **(Abb. 7)** und den Nebelgrauen Trichterling *(Lepista nebularis)* **(Abb. 14)** gehen auseinander: Manche essen sie ohne Folgen, andere vertragen sie nicht. Der Echte Reizker *(Lactarius deliciosus)* und verwandte Arten eignen sich besonders zum Braten **(Abb. 8)**. Der Beringte Schleimrübling *(Oudemansiella mucida)* wächst oft in großen Büscheln an Buchenholz. Wer den dünnen Pilzen Geschmack abgewinnt, hat seinen Korb rasch gefüllt **(Abb. 9)**. Im zeitigen Frühjahr wächst auf abgefallenen Zapfen der kleine Fichtenzapfenrübling *(Strobilurus esculentus)*. „Esculentus" heißt „essbar" – nur dauert es lange, bis man eine Mahlzeit beisammen hat **(Abb. 10)**. Der Südliche Schüppling *(Agrocybe aegerita)* wächst büschelig an alten Pappelstümpfen, lässt sich aber auch gut züchten **(Abb. 11)**. Ebenfalls an Holz wächst der Getigerte Sägeblättling *(Lentinus tigrinus)*; junge Fruchtkörper sind recht delikat **(Abb. 12)**. Der Dunkelviolette Schleierling *(Cortinarius violaceus)* behält beim Kochen seine auffällige Farbe bei – ein Genuss für die Augen, weniger für den Gaumen, denn er schmeckt eher fade **(Abb. 13)**. Schon im Frühjahr wächst unter Schlehen der Schildrötling *(Entoloma clypeatum)*. Exemplare wie die abgebildeten können mit dem giftigen Ziegelroten Risspilz (s. S. 14f.) verwechselt werden **(Abb. 15)**.

PILZE AUF WIESEN, LICHTUNGEN UND IN GEBÜSCHEN

1

CHAMPIGNONS, SCHIRMLINGE UND SCHEIDLINGE

Wiesen und Gebüschlandschaften bergen für den Pilzsammler so manche Überraschung. Zwar sind diese Biotope nicht so artenreich wie die Wälder, doch bleibt der Pilzkorb bei einer herbstlichen Wanderung über naturbelassene Wiesen und Weiden selten leer. Intensiv genutztes und mit Kunstdünger behandeltes Grünland ist dagegen eher „pilzfeindlich“ Nach hochsommerlichen Gewittern schießen Wiesenchampignons *(Agaricus campestris)* gleichsam über Nacht aus dem Boden. Oft bilden sie große Hexenringe auf Viehweiden, am üppigsten oft an gut gedüngten Stellen in der Nähe von Kuhfladen. Bei günstiger Witterung liefern sie täglich eine frische Ernte. Auch städtische Parks und Grünflächen können ertragreich sein. Der Stadtchampignon *(A. bitorquis)* scheut in seinem Drang nach dem Licht nicht einmal davor zurück, die Teerdecke von Straßen und Parkplätzen zu durchbrechen. Große Schirmlinge wie der Parasol *(Macrolepiota procera)* kommen ebenfalls gerne im offenen Gelände, im hohen Gras oder auf Waldlichtungen vor. Auf Äckern und Stoppelfeldern kommt es manchmal zu Massenvorkommen von Saprophyten wie dem – als Speisepilz nur mittelmäßigen – Großen Scheidling *(Volvariella gloiocephala)*, der bis zu den ersten Nachtfrösten ausharrt. Beispielsweise auf abgeernteten Maisfeldern treten diverse mittelgroße Schirmlinge auf. Da sich Pilze solcher Standorte von organischer Materie ernähren, können sie Rückstände von Kunstdünger und Spritzmitteln enthalten. Selbst essbare Arten sind dann nicht mehr empfehlenswert. Brachland ist oft Rückzugsgebiet für auffallend große Arten wie dem nach Anis duftenden Schafchampignon *(A. arvensis)* und dem Großsporigen Champignon *(A. albertii)*, den feiner Bittermandelgeruch kennzeichnet.

2

3

4

5

6

7

8

9

10

11

12

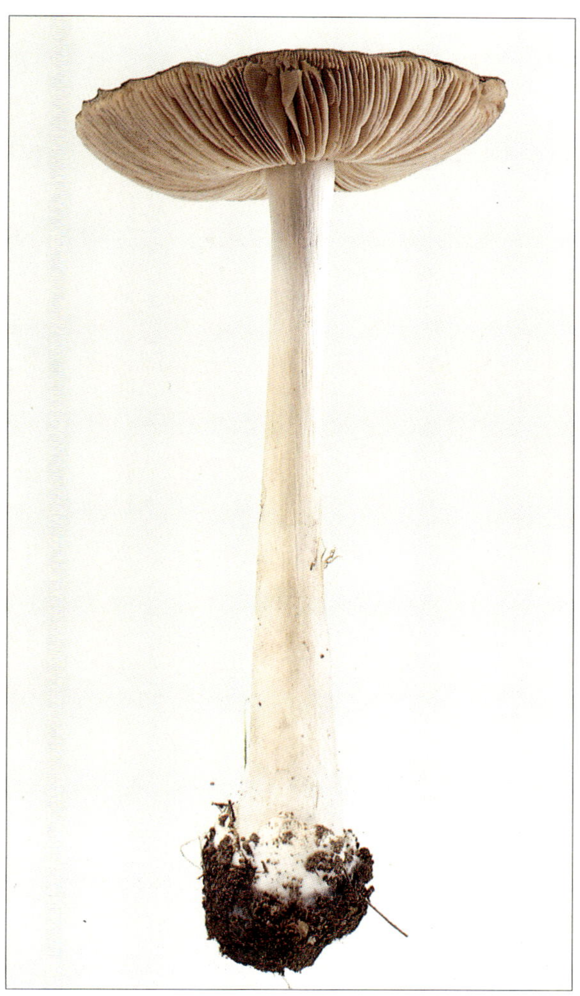

13

Schon im August erscheint auf Viehweiden der Wiesenchampignon *(Agaricus campestris)* **(Abb. 1)**, manchmal an ähnlichen Standorten wie der wohlschmeckende, aber seltene Großsporige Champignon *(A. albertii)* **(Abb. 3)**. Stadtchampignons *(A. bitorquis)* und andere Pilze, die an verkehrsreichen Straßen wachsen, sollten wegen der Schadstoffbelastung nicht verzehrt werden **(Abb. 9)**. Beim Wollstieligen Champignon *(A. lanipes)* ist der Stiel mit Flockengürteln gezont und läuft am Grund oft in einen Myzelstrang aus **(Abb. 4)**. Ein ungiftiger Doppelgänger kleinerer Champignons ist der Krönchenträuschling *(Stropharia coronilla)*; man erkennt ihn am oberseits gerieften Ring **(Abb. 8)**. Anfangs geschlossen, breitet sich der Hut des Parasols *(Macrolepiota procera)* bald aus, wird halbkugelig-glockig und flacht zum Schluss ab **(Abb. 2, 12)**. Beim Aufschirmen bleibt ein breiter, flockiger Ring am Stiel zurück **(Abb. 6)**. Der Warzenschirmling *(M. rickenii)* **(Abb. 7)** und der Ackerschirmling *(M. excoriata)* **(Abb. 10)** sind nahe Verwandte des Parasols und essbar. Der Rosablättrige Schirmling *(Leucoagaricus leucothites)* gehört einer Gattung an, die zwischen den Champignons und den Schirmlingen steht. Er gilt als essbar, darf aber nicht mit weißen Knollenblätterpilzen verwechselt werden **(Abb. 11)**. Spät im Jahr wächst auf Ackerland, in Gärten und auf gehäckseltem Holz der Große Scheidling *(Volvariella gloiocephala)* **(Abb. 13)**.

Vorausgehende Doppelseite
Großes Bild: Kegelige Morchel *(Morchella distans)*
Kleines Bild: Gerippte Morchel *(Morchella costata)*

1

SAFTLINGE

Die Saftlinge kommen vom Flachland bis ins Gebirge auf Wiesen, Weiden, Trockenrasen, an feuchten Bachufern, zwischen Torfmoosen in Mooren sowie in Dünen und grasreichen Heckenlandschaften vor. Nur wenige Arten gedeihen auch im Wald.

Ihre Farbenvielfalt ist verblüffend: Wie bunte Blumen sprenkeln die lebhaft roten, orangefarbenen, gelben und sogar grünen Arten unsere Wiesen. Der Lamellenansatz ist uneinheitlich; man findet sowohl Arten mit herablaufenden wie solche mit locker angehefteten, ausgebuchteten oder freien Blättern. Die Hüte können kegelig, ausgebreitet oder trichterförmig sein, die Oberfläche ist schleimig-schmierig, feucht oder trocken. Die meisten Saftlinge sind höchstens mittelgroß und von fragiler Konsistenz. Einige Arten schwärzen auf Druck, an Bruchstellen oder im Alter bis zur Unkenntlichkeit.

Als Speisepilze kommen sie kaum in Betracht, und da sie wegen der fortschreitenden Zerstörung ihrer Lebensräume immer seltener werden, sollte man sie lieber stehen lassen. Ihre Haupterscheinungszeit ist der Herbst.

Es ist fast unmöglich, sich der Faszination dieser kleinen bunten Naturwunder zu entziehen. Schon mancher Sammler ist, von ihnen angeregt, zum echten Pilzfreund geworden.

2

3

4

5

6

7

8

9

10

11

12

13

14

15

Der Olivschwarze Saftling *(Hygrocybe ovina)* ist eine seltene Art, die auf ungedüngtem Grasland wächst **(Abb. 1)**. Auf sauren Böden in Mooren, Feuchtwiesen und grasigen Wäldern tritt der Mennigrote Saftling *(H. miniata)* auf *(stark vergrößert)* **(Abb. 2)**. Der Zerbrechliche Saftling *(H. ceracea)* fällt durch das lebhafte Gelb des Hutes und die blasseren Lamellen auf **(Abb. 3)**. Der Kegelige Saftling *(H. conica)* ist noch weit verbreitet. Die Stielbasis beginnt hier bereits zu schwärzen **(Abb. 4)**. Auch der Schwarzgelbe Saftling *(H. tristis)* **(Abb. 7)** gehört zu den Arten, die im Alter oft gänzlich schwarz verfärben wie *H. pseudoconica* **(Abb. 12)**. Auf Kalktrockenrasen findet man u. a. den Kerbrandigen Saftling *(H. marchii)* **(Abb. 5)**. Unter den gelben Arten ist der Stumpfe Saftling *(H. chlorophana)* **(Abb. 6)** noch relativ häufig, während der Schnürsporige Saftling *(H. quieta)* **(Abb. 9)** schon zu den Seltenheiten zählt. Dem seltenen Feuerschuppigen Saftling *(H. intermedia)* **(Abb. 8)** und dem eindrucksvollen Größten Saftling *(H. punicea)* begegnet man am ehesten auf Gebirgswiesen über Kalk **(Abb. 10)**. Kleiner und zerbrechlicher ist der Kirschrote Saftling *(H. coccinea)* **(Abb. 11)**, ein weiterer Wiesenbewohner. Manchmal wächst er an den gleichen Stellen wie der Papageigrüne Saftling *(H. psittacina)* **(Abb. 14)**. Große Seltenheiten sind der prachtvoll scharlachrote Rotkegelige Saftling *(H. acutopunicea)* **(Abb. 13)** und der Rosenrote Saftling *(H. calyptriformis)* **(Abb. 15)**.

1

MORCHELN, LORCHELN UND VERWANDTE

Sie wachsen im Frühjahr, sehen aus wie gestielte Badeschwämme und spielen mit uns Verstecken – die Morcheln. Sie faszinieren durch ihre Vielfalt – die gelben sind ebenso begehrt wie die dunkelbraunen. Sie überraschen uns an den ungewöhnlichsten Orten: Gern wachsen sie auf alten Brandstellen, doch wurden Morcheln auch am Rand von Müllhalden, auf verrottendem Papier, ja sogar auf mit Motoröl kontaminierter Erde gefunden. Sie wachsen unter Apfelbäumen und Hecken, in Wäldern und an Waldrändern, auf Lichtungen, Brachland, Erdaushub und in Parks unter Eschen, Weißdorn und Ahorn. Diese Liste ist keineswegs vollständig. Um ihren Fressfeinden – uns – zu entgehen, tarnen sich die Morcheln wie Chamäleons. Feinschmecker geraten ins Träumen, Sammler in Suchstress. Von der Gastronomie hochbegehrt, wird den Morcheln mancherorts intensiv nachgestellt. Alle sind sie erstklassige Speisepilze, vorausgesetzt, sie werden gut gekocht. Roh genossen enthalten sie ein Gift, das die roten Blutkörperchen zerstört.

Die Systematik der Morcheln ist umstritten. Viele Mykologen glauben, dass es nur drei oder vier Hauptarten mit zahlreichen Varietäten gibt; andere führen an die zwanzig separate Arten auf. Klar umrissene Formenkreise bilden die Speisemorcheln *(M. esculenta* s. l.) mit meist rundlichen, gelben, mit dem unteren Rand am Stiel angewachsen Hüten und die Hohen Morcheln *(M. elata* s. l.) mit kegeligen Hüten und breitem „Burggraben" am Stielansatz. Bei den Käppchenmorcheln *(M. semilibera)* steht der Hutrand deutlich über und ist frei. Nur an der Stielspitze festgewachsen sind die glockigen Hütchen der nah verwandten Verpeln (Gattung *Verpa)*; stiellos und oft ohrartig verbogen ist der Aderige Scheibenbecherling *(Disciotis venosa)*. Alle genannten Arten sind „operculate Schlauchpilze" (s. a. S. 94f.; ihre Sporen werden in sackförmigen Asci (Schläuchen) gebildet, die sich am Scheitel mit einem Deckel *(Operculum)* öffnen. Die Fruchtschicht mit den *Asci* überzieht bei den Morcheln die Kammern des Hutes, bei den Becherlingen die Becherinnenseite. Nicht verwechselt werden dürfen die Morcheln mit Frühjahrs- und Riesenlorcheln, die roh oder ungenügend gekocht tödlich giftig sein können (s. S. 10f.). Die Farbe der gehirnförmigen Hüte variiert zwischen Hell- und Dunkelbraun. Die blassen Stiele sind hohl wie die der Morcheln. Die Frühjahrslorchel *(Gyromitra esculenta)* wächst vor allem unter Kiefern, die Riesenlorchel *(G. gigas)* an totem Nadelholz in montanen Lagen. Gut gekocht oder getrocknet sind beide Arten essbar, ohne indes die Geschmacksqualität der Morcheln zu erreichen.

2

3

4

5

6

7

8

9

10

11

12

13

14

15

16

17

18

19

20

Die Fotos zeigen die Variabilität der Morcheln, deren Unterscheidung selbst Experten oft unmöglich ist. Da alle Morcheln essbar sind, braucht sich der Speisepilzsammler um die Einzelheiten nicht zu kümmern. Die folgende Klassifikation folgt im wesentlichen der von Émile Boudier (1828–1920) begründeten französischen Tradition.

Die Graue Morchel *(Morchella vulgaris)* **(Abb. 1)** hat unregelmäßig gewundene Rippen und wächst wie die oft recht stattliche Speisemorchel *(M. rotunda* oder *M. esculenta)* **(Abb. 3, 4**; blasse Formen s. **Abb. 6, 18)** gerne in Auwäldern, zuweilen aber auch auf gestörten Böden wie überwachsenem Erdaushub. Kegel- bis eiförmige Fruchtkörper bildet *M. rielana,* eine Form, deren Artrang umstritten ist **(Abb. 5)**. Der Hut der Hohen Morchel *(M. elata)* **(Abb. 2)** ist konisch, der Stiel oft relativ kurz. Die stark ausgeprägten, annähernd parallelen Längsrippen hat sie mit der Gerippten Morchel *(M. costata)* **(Abb. 9)**, die gern auf alten Waldbrandflächen und Rindenmulch beobachtet wird, sowie mit der langstieligen Kegeligen Morchel *(M. distans)* **(Abb. 11)** gemeinsam. Spitzhütige Formen werden als var. *acuminata* bezeichnet **(Abb. 20)**. Zwischen Hoher Morchel und Speisemorchel vermittelt die Köstliche Morchel *(M. deliciosa)* **(Abb. 12)**. *M. elata* var. *purpurascens* wächst vor allem im Gebirge **(Abb. 10)**. Die Umberbraune Morchel *(M. umbrina)* ist eine fast schwarze, kleinere Laubwaldart **(Abb. 8)**. Unter Hecken in Parks und Gärten sowie auf feuchtem Boden unter Eschen wächst die Käppchenmorchel *(Mitrophora semilibera)* **(Abb. 13)**, manchmal gemeinsam mit der Glockenverpel *(Verpa conica)* **(Abb. 14)** und/oder der Böhmischen Verpel *(Ptychoverpa bohemica)* **(Abb. 19)**. Beide Verpeln sind essbar, sollten aber geschont werden. Der Aderige Scheibenbecherling *(Disciotis venosa)* **(Abb. 17)** wächst an ähnlichen Stellen wie Morcheln und Verpeln und kann ebenfalls gegessen werden; der starke Chlorgeruch vergeht beim Kochen. Die meist unter Kiefern wachsende Frühjahrslorchel *(Gyromitra esculenta)* **(Abb. 16)** und die Riesenlorchel *(G. gigas)* **(Abb. 7)**, eine Art des Bergnadelwalds, sind roh gefährlich giftig. Einziger Herbstpilz auf dieser Doppelseite ist die Bischofsmütze *(G. infula)* **(Abb. 15)**.

1

RITTERLINGE, TRICHTERLINGE, SCHWINDLINGE UND TINTLINGE

In Parks und Obstgärten, Wäldern, Gebüschen und auf Wiesen begegnet man an geschützten, schattigen Stellen nicht selten verschiedenen Tintlingen. Sie haben eine Vorliebe für gedüngte Stellen und wachsen z. T. direkt auf oder neben Pferdeäpfeln und Kuhfladen. Beliebt ist vor allem der Schopftintling *(Coprinus comatus)*. Da er bald zerfließt, sollten nur junge Exemplare gesammelt werden. Koprophil („dungliebend") sind auch die ungenießbaren, zierlichen Düngerlinge (Gattung *Panaeolus*). Selten und nur guten Pilzkennern bekannt ist der Beringte Ritterling *(Tricholoma cingulatum)*. Er wächst im Herbst in Weidengebüschen. Auf Wiesen bildet der Nelkenschwindling *(Marasmius oreades)* Reihen und Ringe. Feinschmecker schätzen seinen würzigen Geschmack. Vom Frühjahr bis in den Herbst kann man an offenen Standorten, auf Wiesen, an Straßenrändern und in lichten, grasigen Wäldern verschiedene Weichritterlinge (Gattung *Melanoleuca*) finden. Nach den ersten Nachtfrösten sprießen auf gedüngten Wiesen und Weiden oft Lilastiel-Rötelritterlinge *(Lepista personata)*. Der Mairitterling *(Calocybe gambosa)*, einer der besten Speisepilze, ist dagegen eine Frühjahrsart und wächst von April bis Juni sowohl in Wäldern als auch im hohen Gras in Wiesen und unter Dornengestrüpp, was sein Auffinden nicht gerade erleichtert. Saure Böden scheint der angenehm mehlartig riechende Pilz zu meiden. Der Mönchskopf *(Clitocybe geotropa)*, ein Trichterling, ist ein Waldpilz, wagt sich aber auch auf angrenzende Wiesen hinaus. In Bach- und Flussauen mit ihrer üppigen Vegetation wachsen vor allem kleine Saprophyten wie Faserlinge (Gattung *Psathyrella*). Essbar sind diese Pilzchen nicht. Ihre genaue Bestimmung ist nur mit Hilfe des Mikroskops möglich – und auch dann oft noch schwierig.

2

3

4

5

6

7

8

9

10

11

12

13

14

15

16

Eine echte Delikatesse ist der Nelkenschwindling *(Marasmius oreades)*. Er erscheint vom Frühjahr bis in den Herbst an grasigen Standorten, darunter auch auf Rasenflächen in Gärten und Anlagen **(Abb. 1, 3)**. Der Behangene Düngerling *(Panaeolus sphinctrinus)* **(Abb. 2)** wächst auf gedüngten Böden, gern in der Nähe von Kuhfladen, wo man manchmal auch dem Schneeweißen Tintling *(Coprinus niveus)* begegnet **(Abb. 9)**. Der Schopftintling *(C. comatus)* kommt sowohl auf Wiesen als auch an Weg- und Straßenrändern und in Gärten vor und ist ein sehr guter Speisepilz **(Abb. 5, 13)**. Der Graue Tintling *(C. atramentarius)* ruft bei gleichzeitigem Alkoholgenuss Vergiftungen hervor, die aber bald wieder abklingen **(Abb. 7)**. Dunkle Sporen wie die vorgenannten Arten kennzeichnen auch die Gattung *Psathyrella*. Der Tränende Saumpilz *(P. lacrymabunda)* ist essbar, aber nicht sehr attraktiv; er wächst vor allem an Weg- und Grabenrändern **(Abb. 11)**. Der Behangene Faserling *(P. candolleana)*, eine zerbrechliche Art, deren Farbe je nach Feuchtigkeitsgehalt variiert, erscheint oft schon im Frühling an feuchten Standorten **(Abb. 12)**. Ebenfalls früh im Jahr tritt der essbare Frühlings-Weichritterling *(Melanoleuca cognata)* an Waldrändern und in Gebüschen auf **(Abb. 14)**. Die Standortsansprüche des Rillstieligen Weichritterlings *(M. grammopodia)* **(Abb. 8)** sind wenig ausgeprägt. Er kommt sowohl innerhalb wie außerhalb des Waldes vor, eine Eigenschaft, die er mit dem begehrten Mairitterling *(Calocybe gambosa)* teilt, dessen Hexenringe sich oft in hohem Gras verbergen **(Abb. 10)**. Der Beringte Ritterling *(Tricholoma cingulatum)* wächst in Symbiose mit Weiden, ist aber selten und schonenswert **(Abb. 6)**. Den Mönchskopf *(Clitocybe geotropa)* findet man vorwiegend in Wäldern, doch kommt er auch auf Wiesen vor **(Abb. 4, 15)**. Der Lilastiel *(Lepista personata)*, ein typischer Wiesenpilz, lässt im Spätherbst das Herz der Pilzfreunde höher schlagen **(Abb. 16)**.

PILZE AN HOLZ

SEITLINGE UND VERWANDTE ARTEN

1

2

3

4

Die Seitlinge und ihre Verwandten sind an exzentrischen oder lateralen Stielen, weit herablaufenden Lamellen und meist weißem Sporenpulver zu erkennen. Sie sind Saprophyten oder Schwächeparasiten und wachsen aus Astlöchern, Rindenspalten oder anderen verletzten Stellen des befallenen Baumes hervor.
Dem Austernseitling *(Pleurotus ostreatus)* begegnet man im Spätherbst und Winter an Laubholz, gern an Pappel, Buche und Weide. Das Myzel ist mehrjährig – man kann also oft viele Jahre hintereinander vom gleichen Stamm ernten. Die Art wird auf Holz- und Strohsubstraten auch kommerziell angebaut. Strengen Schutz verdient der in Mitteleuropa nördlich der Alpen sehr seltene Kräuterseitling. Er wächst auf Kalkmagerrasen an den Wurzeln des Feld-Mannstreus *(Eryngium campestre)*, in Süd- und Westeuropa auch an der Stranddistel *(E. maritimum)* sowie am Laserkraut *(Laserpitium)*. Andere Seitlinge und Seitlingsverwandte – wie die Sägeblättlinge (Gattung *Lentinus*) und die Zwergknäuelinge (Gattung *Panellus*) – kommen wegen ihrer zähen Beschaffenheit als Speisepilze kaum in Frage. Bislang ist in dieser Gruppe aber auch noch kein Giftpilz bekannt geworden. Wie alle Holzbewohner tragen diese Arten zum Abbau organischer Materie bei und erfüllen damit eine wichtige Rolle im Naturhaushalt.

5

6

7

8

9

10

11

12

13
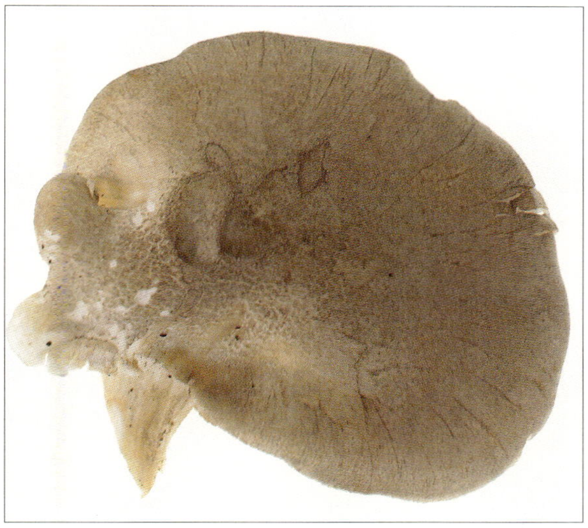

14

Der Bittere Zwerg-Muschelseitling *(Panellus stypticus)* wächst vorwiegend an Eichenholz und schmeckt sehr bitter **(Abb. 1, 4)**. Verwandt sind der an Nadelholz vorkommende Milde Zwerg-Muschelseitling *(P. mitis)* **(Abb. 11)** und der Gelbblättrige Muschelseitling *(P. serotinus)* **(Abb. 10)**, der im Spätherbst und milden Wintern an Laubholz gedeiht. – Der Kräuterseitling *(Pleurotus eryngii)* **(Abb. 2, 5)** ist als Speisepilz begehrt, sollte aber als Seltenheit geschont werden. Er wächst an Doldenblütlerwurzeln und ist wie der ebenfalls essbare, gern an Ulmen vorkommende Rillstielige Seitling *(P. cornucopiae)* **(Abb. 9)** eher atlantisch-mediterran verbreitet. – Die breiten Hüte des schmackhaften Austernseitlings *(P. ostreatus)* entwickeln sich an Laubholzstümpfen und in Stammwunden **(Abb. 8)**. Der ungenießbare Berindete Seitling *(P. dryinus)* kommt an Laub- und Nadelholz vor **(Abb. 13)**. Der Erd-Muscheling *(Hohenbuehelia geogenia)* wächst auf dem Erdboden oder auf vergrabenem Holz **(Abb. 6)**. Anisduft kennzeichnet den Wohlriechenden Sägeblättling *(Lentinus suavissimus)*, eine seltene Art aus Weidengebüschen **(Abb. 3)**. Häufiger ist der Anis-Zähling *(Lentinellus cochleatus)*, von dem es auch eine geruchlose Varietät (var. *inolens*) gibt **(Abb. 7, 12)**. Der Glatte Knäueling *(Panus conchatus)* ist ein weiterer zähfleischiger Laubholzbewohner **(Abb. 14)**.

Vorausgehende Doppelseite

Großes Bild: Schmetterlingsporlinge *(Trametes versicolor)*
Kleines Bild (links): Lackporling *(Ganoderma spec.)*
Kleines Bild (rechts): Flacher Lackporling *(Ganoderma lipsiense)*

1

HOLZBEWOHNENDE TRÄUSCHLINGE, SCHÜPPLINGE UND SCHWEFELKÖPFE

Die Lamellen der Träuschlinge (Gattung *Stropharia)* sind nie frei, sondern angewachsen bis kurz herablaufend. Ihr Sporenpulver ist dunkel violettbraun. Die Hüte sind meist schleimig oder klebrig, die Stiele beringt. Der Grünspanträuschling fällt durch seinen grünen Hut und den weißflockigen Stiel auf. Außer dem Rotbraunen Riesenträuschling *(Stropharia rugosoannulata)*, der auch gezüchtet wird, gibt es kaum Speisepilze unter den Träuschlingen. Die Schüpplinge (Gattung *Pholiota)* haben ocker- bis rostbraune Sporen und einen mehr oder weniger deutlichen Ring. Das Stockschwämmchen *(Kuehneromyces mutabilis)* ist ein bekannter Speisepilz; man darf es allerdings nicht mit dem Gifthäubling (s. S. 8f.) verwechseln. Andere Schüpplinge sind für den Verzehr zu zäh oder zu bitter. Die Schwefelköpfe (Gattung *Hypholoma)* haben dunkel violettbraune Sporen und wachsen einzeln oder büschelig an Totholz, in der Nadelstreu oder in Torfmooren. Lediglich der Graublättrige Schwefelkopf *(H. capnoides)* ist essbar. Nah verwandt sind auch die Kahlköpfe (Gattung *Psilocybe)*, zu denen einige halluzinogene Arten gehören.

2

3

4

5

6

7

8

9

12

10

11

13

14

15

16

Ausfallendes Sporenpulver färbt die Hüte des giftigen Grünblättrigen Schwefelkopfs *(Hypholoma fasciculare)* dunkel violettbraun **(Abb. 1)**. Die Art wächst büschelig an totem Laub- und Nadelholz **(Abb. 8, 9)**. Totholz besiedelt auch der ungenießbare Ziegelrote Schwefelkopf *(H. sublateritium)* **(Abb. 4)**. Der Graublättrige Schwefelkopf *(H. capnoides)* gehört zu den wenigen Arten der Gattung mit mildem Geschmack **(Abb. 15)**. Große Büschel des Stockschwämmchens *(Kuehneromyces mutabilis)* erfreuen das Herz des Speisepilzsammlers **(Abb. 12)**. Der Ring des Braunsporigen Träuschlings *(Stropharia caerulea)* ist nur schwach ausgeprägt **(Abb. 16)**. Zwei Grünspanträuschlinge *(S. aeruginosa)* teilen ihren humusreichen Standort mit einem ausgeblassten Lacktrichterling **(Abb. 5)**. Der Pappelschüppling *(Hemipholiota populnea)* greift lagernde Pappelstämme und bisweilen sogar Bauholz an **(Abb. 3)**. Hut und Stiel des Feuerschüpplings *(Pholiota flammans)* sind mit abstehenden Schüppchen bedeckt **(Abb. 2)**. An Nadelholzstümpfen in Bergwäldern wächst der Safranrote Schüppling *(P. astragalina)* **(Abb. 6)**. Der Goldfellschüppling *(P. aurivella)* thront manchmal hoch am Stamm in Astlöchern alter Buchen **(Abb. 7)**. Der Grünliche Schüppling *(P. gummosa)* ist ein geringwertiger Speisepilz mit rübenartigem Geschmack **(Abb. 10)**. Der Nadelschüppling *(P. spumosa)* trägt wie die anderen Arten zum Abbau von Totholz bei – entweder direkt am Stamm **(Abb. 11)** oder über im Boden vergrabenem Holz **(Abb. 14)**. Schleimig-klebrig ist der Hut des Tonblassen Schüpplings *(P. lenta)* **(Abb. 13)**.

1

GESTIELTE PORLINGE

Es gibt sie mit zentralem, exzentrischem oder mehrfach verzweigtem Stiel, und die Fruchtschicht auf der Hutunterseite besteht aus feinen Poren. Die Rede ist von meist einjährigen Porlingen mit weichem, elastischem oder lederigzähem, in Einzelfällen aber auch zartem, wohlschmeckendem Fleisch. Einen zentralen Stiel hat z. B. der Winterporling *(Polyporus brumalis)*, einen exzentrischen oder lateralen der Schuppige Porling *(P. squamosus)*, einen mehrfach verzweigten Strunk mit zahlreichen Einzelhüten der Eichhase *(Dendropolyporus umbellatus)* und der Klapperschwamm *(Grifola frondosa)*. Der Riesenporling *(Meripilus giganteus)* erinnert an einen Baumstumpf, der oben in einander überlagernde Hüte ausläuft. Die Gattung *Polyporus* wird systematisch den Blätterpilzen zugeordnet. Einige gestielte Porlinge wie die Arten der Gattung *Scutiger* sind zwar essbar, aber so selten, dass man sie aus Naturschutzgründen besser nicht verwendet.

2

3

4

5

6

7

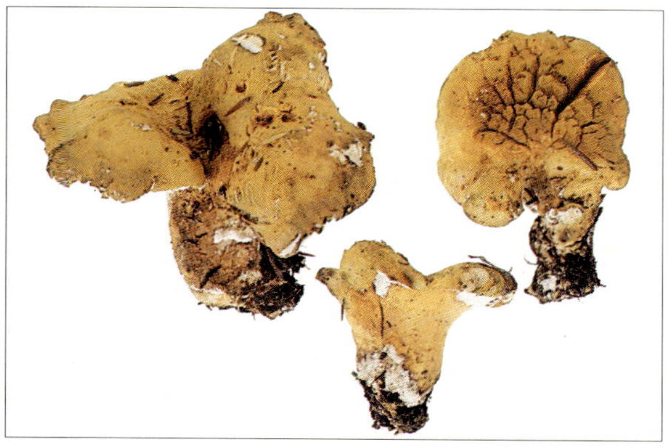
8

9

10

11

12

13

14

15

16

17

Die Poren des Riesenporlings *(Meripilus giganteus)* sind sehr klein und schwärzen auf Druck. Oft am Grunde alter Buchen wachsend, kann der Pilz über 1 m breit und mehr als 20 kg schwer werden **(Abb. 1, 3, 6)**. „Eichhase" ist der bildhafte Volksname des Ästigen Büschelporlings *(Dendropolyporus umbellatus)*, der Jahr für Jahr am gleichen Stumpf erscheint **(Abb. 2)**. Ähnlich ist der Klapperschwamm *(Grifola frondosa)*; obwohl jung essbar, sollte er wie der ebenso seltene Eichhase geschont werden **(Abb. 11, 14, 16)**. Schon im Frühjahr entwickelt der Schuppige Porling *(Polyporus squamosus)* Fruchtkörper von imposanter Größe **(Abb. 4)**. Der Schwarzrote Stielporling *(P. durus)* wächst meist an Weiden- und Pappelholz in Auwäldern **(Abb. 9, 15)**. Der zentral gestielte Winterporling *(P. brumalis)* gedeiht im Winter an totem Laubholz **(Abb. 13)**. Der Sklerotienporling *(P. tuberaster)* hat weiße, eckige Poren und bildet mitunter ein unterirdisches Sklerotium aus **(Abb. 17)**. Der Schwarzweiße Rußporling *(Boletopsis leucomelaena)* **(Abb. 12)**, der Ziegenfußporling *(Scutiger pescaprae)* **(Abb. 5, 7)** und der Grüne Kammporling *(S. cristatus)* **(Abb. 8)** wachsen nicht auf Holz. Sie sind botanische Seltenheiten, die geschont werden sollten. – Der Schafporling *(S. ovinus)* ist noch relativ häufig und kann in beschränktem Maße gesammelt werden **(Abb. 10)**.

1

WEICHFLEISCHIGE, EINJÄHRIGE PORLINGE

Die Pilze diese Kategorie zeichnen sich durch schnelles Wachstum und weiches bis zähes Fleisch aus, das gegen Ende der Saison abstirbt und aufgrund seines hohen Wassergehalts verhältnismäßig schnell verfault. Zu ihnen zählt der Schwefelporling, der als Parasit und Braunfäuleerreger an Obstbäumen Schaden anrichten kann. Alt und trocken sind die Fruchtkörper weiß und brüchig und kaum mehr zu erkennen. Als Speisepilz ist er umstritten; manche Pilzfreunde braten junge Exemplare in der Pfanne und finden sie sehr schmackhaft. Auch der Kiefern-Braunporling kann als Holzzerstörer auftreten; er ist auf Nadelholz spezialisiert. Der Birkenporling befällt ausschließlich geschwächte und bereits abgestorbene Birken. Beliebt als Speisepilz ist der Leberreischling. Er wird auch „Ochsenzunge“ genannt und wächst im Sommer und Herbst an alten Eichen und Edelkastanien, ist aber nicht häufig. Botanisch steht er recht isoliert in der Familie der *Fistulinaceae*.

2

3

4

5

6

7

8

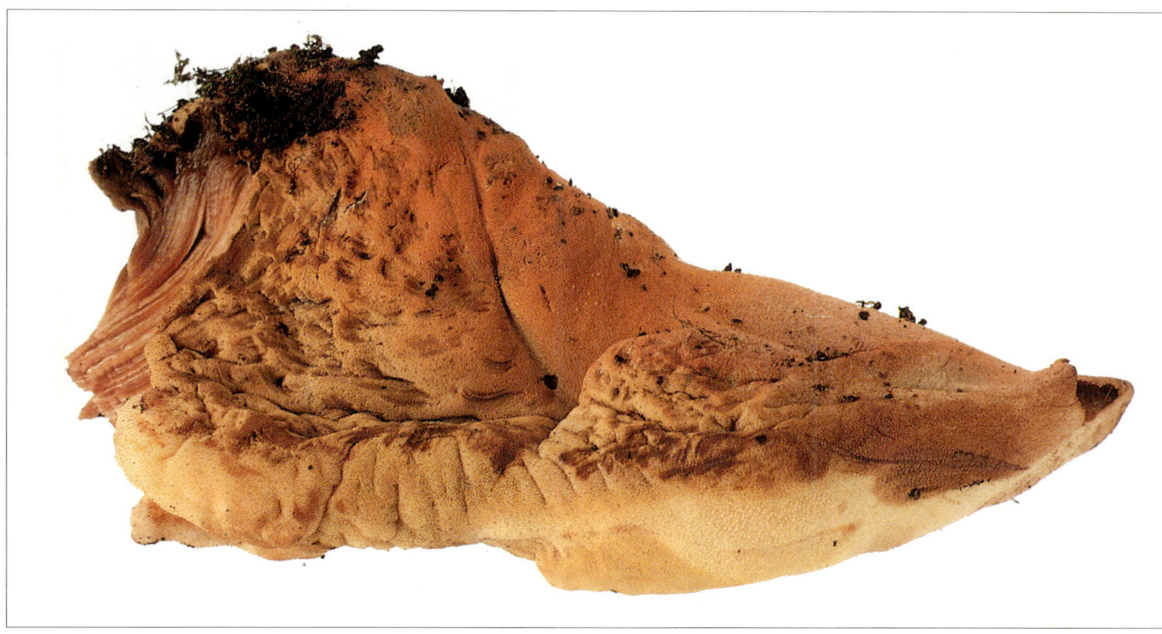
10

9

12

11

Der jung essbare Schwefelporling *(Laetiporus sulphureus)* ist ein Parasit. Besonders alte Obstbäume sind gefährdet **(Abb. 1)**. Der Kiefern-Braunporling *(Phaeolus schweinitzii)* kann in Nadelholzforsten Schäden anrichten. Anfangs gelbfilzig **(Abb. 2)**, verfärben die Fruchtkörper im Alter unansehnlich schwarz **(Abb. 11)**. Frische Birkenporlinge *(Piptoporus betulinus)* an ihrer einzigen Wirtspflanze **(Abb. 3)**. Am Ende der Saison fallen die Fruchtkörper des Birkenporlings ab und werden von Insektenlarven aufgezehrt **(Abb. 6)**. Der Milchweiße Saftporling *(Oligoporus tephroleucus)* ist ein ziemlich seltener Laubholzbewohner **(Abb. 4)**. Unscheinbare weiße Hütchen an toten Laubholzästen formt der Schneeweiße Knorpelporling *(Skeletocutis nivea)*. Seine winzigen Poren sind ohne Lupe kaum erkennbar **(Abb. 5)**. Leberreischling oder Ochsenzunge *(Fistulina hepatica)*: ein durch blutrotes, saftiges Fleisch und das Vorkommen an Eichen und Edelkastanien unverwechselbarer Speisepilz **(Abb. 7, 9, 10)**. Der Zimtfarbene Weichporling *(Hapalopilus nidulans)* ist nach neueren Erkenntnissen ein nicht ungefährlicher Giftpilz **(Abb. 8)**. Der Angebrannte Rauchporling *(Bjerkandera adusta)* verdankt seinen Namen den wie verbrannt aussehenden grauen Poren **(Abb. 12)**.

PORLINGE MIT KORKIGER ODER LEDERIG-ZÄHER TRAMA

1

Die so genannten Trameten (*Trametes)* und nahe stehende Gattungen) sind durch korkige oder lederig-zähe Trama (= Substanz, „Fleisch") gekennzeichnet. Die Poren sind meist ziemlich groß und im Umriss rundlich oder eckig, beim Eichenwirrling und einigen anderen Arten auch „dädaloid" (labyrinthisch) oder sogar – wie beim Laubholzblättling – lamellenartig ausgebildet. Die meisten Trameten sind Saprophyten, seltener auch Schwächeparasiten an lebendem Holz. Als Fäulniserreger leisten sie einen wichtigen Beitrag zum Abbau von Totholz. Manche – wie der Eichenwirrling – sind wirtsspezifisch, andere entweder an Laub- oder an Nadelholz gebunden, wieder andere nehmen mit dem erstbesten Substrat vorlieb und scheren sich nicht um die Holzart. Speisepilzsammler beachten diese Pilze kaum, und wer sich als Mykologe mit ihnen befasst, muss die Wirtsbäume gut kennen, sich auf Totholzbestimmung verstehen und oft auf mikroskopische Bestimmungsmerkmale zurückgreifen. Die Schönheit mancher Mikrostrukturen enthüllt sich oft erst bei 1200facher Vergrößerung.

2

3

4

5

6

7

8

9

10

11

12

13

14

15

16

Der Fenchelporling *(Gloeophyllum odoratum)* wächst an alten Fichtenstümpfen und duftet angenehm nach Fenchel **(Abb. 1)**. Der Zaunblättling *(G. sepiarium)* kommt an Stämmen und Stümpfen vor, verschont aber auch verbautes Holz wie Geländer, Brücken und Pfähle nicht **(Abb. 12)**. Zu den häufigsten Porlingen gehört die Schmetterlingstramete *(Trametes versicolor)*. Hier besiedelt sie einen toten Eichenstamm fast auf ganzer Länge **(Abb. 2)**, ihre Oberfläche ist bunt gezont **(Abb. 7)**. Die Striegelige Tramete *(T. hirsuta)* verdankt ihren Namen dem groben Filz der Oberfläche **(Abb. 3)**. Frisch gefällte Buchenstämme werden oft von der Buckeltramete *(T. gibbosa)* **(Abb. 8)** besiedelt, zur korrekten Bestimmung muss man sie sich sowohl von oben **(Abb. 9)** als auch von unten ansehen **(Abb. 10)**. Die teils lamellige, teils porige Unterseite des Eichenwirrlings *(Daedalea quercina)* bildet ein hübsches Labyrinth **(Abb. 4)**. Rein lamellig ist dagegen die Unterseite des Laubholzblättlings *(Lenzites betulina)*; von oben lässt er sich kaum von anderen Trameten unterscheiden **(Abb. 6)**. Nah verwandt sind die Rötende Tramete *(Daedaleopsis confragosa)* mit weiten, eckigen Poren und erhaben gezonter Oberfläche **(Abb. 13)** und die Dreifarbige Tramete *(D. tricolor)* mit buntem, meist in unterschiedlichen Rottönen gezontem Fruchtkörper **(Abb. 16)**. Die unverwechselbare Zinnobertramete *(Pycnoporus cinnabarinus)* wächst an Laubholz in sonnigen, trockenen Lagen **(Abb. 5)**. Der Fleischigzottige Rostporling *(Inonotus hispidus)* bildet große, rostbraune Konsolen an Obst- und anderen Laubbäumen **(Abb. 15)**.

1

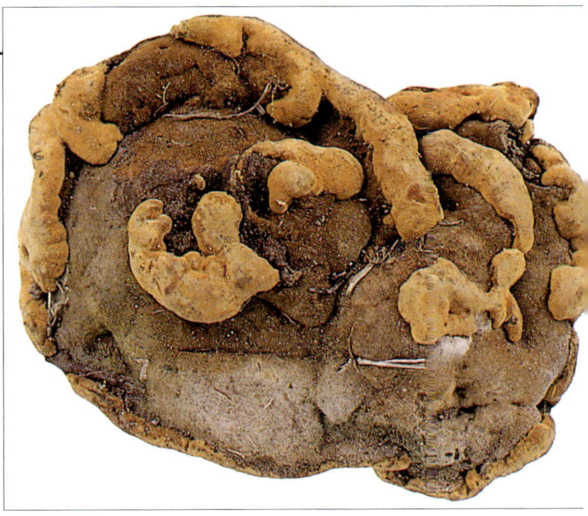

MEHRJÄHRIGE, HARTE PORLINGE

Konsolen- oder hufförmige, bisweilen auch rein krustenförmige (resupinate) Porlinge von äußerst harter Konsistenz können viele Jahre alt werden und sind so fest mit dem befallenen Holz verwachsen, dass sie ohne Werkzeug kaum zu entfernen sind. Die Fruchtschicht besteht aus mit dichtstehenden, anders als bei den Röhrlingen kaum von der Huttrama ablösbaren Röhren, die in feinen Poren münden. Bei manchen Arten wird die Fruchtschicht Jahr für Jahr mit einer neuen Röhrenlage überzogen, sodass im Lauf der Zeit oft eindrucksvoll große und schwere Fruchtkörper heranwachsen. Die Zahl der im Längsschnitt erkennbaren Röhrenschichten lässt, ähnlich wie die Jahresringe bei den Bäumen, gewisse Rückschlüsse auf das Alter zu. Die meisten Porlinge aus dieser Gruppe sind Schwächeparasiten, die nur bereits vorgeschädigte Bäume angreifen und auch auf Totholz gedeihen.

2

3

4

5

6

7

8

9

10

11

12

13

14

15

Am Grunde alter, geschwächter Beerensträucher parasitiert der Stachelbeer-Feuerschwamm *(Phellinus ribis)*. Die Sporen dringen durch Wunden ins Holz ein **(Abb. 1)**. Knollige Fruchtkörper an Tannen bildet der Tannen-Feuerschwamm *(P. hartigii)* **(Abb. 3)**, während der Eichen-Feuerschwamm *(P. robustus)* **(Abb. 9)** an Eichen gedeiht und *P. pini* auf Kiefern spezialisiert ist **(Abb. 5)**. An Steinobstbäumen findet man den Pflaumen-Feuerschwamm *(P. pomaceus)* **(Abb. 13)**. Der Muschelförmige Feuerschwamm *(P. conchatus)* bevorzugt alte Weiden **(Abb. 14)**. Häufig an alten Buchen und anderen Laubbäumen ist der Echte Zunderschwamm *(Fomes fomentarius)*. Früher diente er, zu Pulver zermahlen und mit Salpeter vermischt, als „Zunder" zum Feuermachen. Am Stamm wachsen die Fruchtkörper senkrecht zur Längsachse, sodass die Poren nach unten zeigen **(Abb. 2)**; wird der geschwächte Stamm vom Sturm gefällt, so kann es vorkommen, dass die Poren plötzlich zur Seite oder nach oben gerichtet sind. Neue Fruchtkörper schließen dann oft unmittelbar an die „verkehrten" an, doch ist ihre Porenschicht wieder nach unten gerichtet. Das Phänomen wird „Geotropismus" genannt **(Abb. 7, 10)**. Dieser Rotrandige Schichtporling *(Fomitopsis pinicola)* war 47 cm breit und wuchs an einem Fichtenstamm **(Abb. 11)**; mehrhütige Exemplare entstehen unter dem Einfluss des Geotropismus (s. o.) **(Abb. 15)**. Der Gattungsname des Eschen-Baumschwamms *(Perenniporia fraxinea, perennis* = dauerhaft*)* nimmt auf die Langlebigkeit des Pilzes Bezug **(Abb. 8)**. Der Flache Lackporling *(Ganoderma lipsiense)* wächst häufig an Laubholz **(Abb. 6)**. Dagegen ist der wie lackiert aussehende, meist langstielige Glänzende Lackporling *(G. lucidum)* eine Rarität **(Abb. 12)**. Der Erlen-Schillerporling *(Inonotus radiatus)* fällt hier ein wenig aus dem Rahmen, da er meist einjährig bleibt. Sein Hauptwirt sind alte Erlen **(Abb. 4)**.

1

RINDEN- UND SCHICHTPILZE

Die Rindenpilze *(Corticiales)* bilden krustenartige Überzüge auf Holz. Viele von ihnen verursachen eine Weißfäule, in deren Verlauf das Substrat zu einem weißlichen Pulver reduziert wird. Ein anderer Fäuletyp ist die Braunfäule, bei der das Holz in mehr oder weniger würfelförmige Stücke zerfällt („Würfelfäule").

Rindenpilze lichten die Bäume aus, d. h. sie tragen zur Entfernung kranker Äste und Zweige bei. Die meisten von ihnen sind Saprophyten oder Schwächeparasiten und oft an bestimmte Stadien des Holzabbaus gebunden. Die Artenzusammensetzung z. B. auf einem alten Stumpf ändert sich somit mit fortschreitendem Zerfall, weshalb man von „Pilzsukzessionen" spricht. Die Fruchtschicht der Rindenpilze kann glatt oder gerunzelt sein. Viele liegen rein resupinat dem Substrat auf, andere sind am Rand leicht aufgebogen, wieder andere bilden deutliche Hutkanten aus, die bei üppigem Wachstum auch dachziegelartig übereinanderstehen können. Die meisten Arten sind das ganze Jahr über zu finden und besiedeln Laub- und Nadelholzäste, wo sie sowohl auf der Rinde als auch an bereits entrindeten Partien vorkommen. Die genaue Bestimmung vieler Rindenpilze erfordert intensive mikroskopische Studien mit tausendfacher oder noch stärkerer Vergrößerung. Dabei enthüllen sich Feinstrukturen von großer Vielfalt und ästhetischem Reiz. Obwohl die Rindenpilze nach bisherigem Kenntnisstand nicht giftig sind, kommen sie ihrer lederig-zähen Konsistenz wegen als Speisepilze nicht in Frage.

2

3

5

4

6

7

8

9

10

11

12

13

14

15

An seiner Farbe erkennbar ist der Blaue Rindenpilz *(Pulcherricium caeruleum)* **(Abb. 1)**. Beim Gallertfleischigen Fältling *(Merulius tremellosus)* ist das Hymenium lachsorange und faltig **(Abb. 2)**; nach einigen Jahren bleibt von einem befallenen Baumstumpf nicht mehr viel übrig **(Abb. 5)**. Der Lederartige Fältling *(M. corium)* hat den Zweig entrindet und trägt nun zum allmählichen Abbau des Holzes bei **(Abb. 4)**. Als gestielte, bodenbewohnende Art nimmt der seltene Striegelige Kreiselpilz *(Cotylidia pannosa)* eine Sonderstellung ein **(Abb. 3)**. Die Blutrote Borstenscheibe *(Hymenochaete cruenta)* wächst an noch ansitzenden toten Tannenästen **(Abb. 6)**. Die unscheinbare Tabakbraune Borstenscheibe *(H. tabacina)* ist vor allem an Weiden- und Haselästen zu finden **(Abb. 14)**. Der Orangefarbene Kammpilz *(Phlebia merismoides)* bildet orangerote bis violettgraue Flecken mit faltiger Oberfläche auf Laubholz **(Abb. 7)**. Die Oberseite des häufigen Striegeligen Schichtpilzes *(Stereum hirsutum)* ist grobfilzig, die orangegelbe Unterseite glatt. Er besiedelt Stämme im Frühstadium der Vermorschung **(Abb. 9, 15)**. Ähnlich ist der Samtige Schichtpilz *(S. subtomentosum)* mit feinerem Hutfilz und ockergrauem Hymenium **(Abb. 12)**. Rostbrauner Filz überzieht die Hüte des sehr seltenen Prächtigen Schichtpilzes *(S. insignitum)* **(Abb. 13)**. Beim Reibeisen-Rindenpilz *(Hyphoderma radula)* besteht das Hymenium aus engstehenden Zähnchen **(Abb. 11)**. Der Violette Nadelholzporling *(Trichaptum abietinum)* erinnert an die Rindenpilze, hat jedoch ein poriges Hymenium **(Abb. 10)**; tote Fichtenstämme sind manchmal von oben bis unten besiedelt **(Abb. 8)**.

1

GALLERTPILZE (ZITTERLINGE, OHRLAPPENPILZE, HÖRNLINGE UND GALLERTTRÄNEN)

Diese heterogene Gruppe liefert ein gutes Beispiel für die Vielgestaltigkeit der Pilze. Die Zitterlinge bilden hirnartig gewundene Massen, die bei Trockenheit zu harten, dünnen Krusten schrumpfen, bei Regen aber wiederaufleben und weiterwachsen. Der Rote Gallerttrichter bildet ohr- bis trichterförmige Fruchtkörper, während der Zitterzahn ein an die Stachelpilze (s. S. 62f.) erinnerndes Hymenium hat. Junge Exemplare des Judasohrs sind becherförmig, die des Gezonten Ohrlappenpilzes eher flach. Die Hörnlinge lassen habituell an Keulen- und Korallenpilze (S. 64f.) denken, sind jedoch durch die gummiartige Konsistenz und mikroskopische Merkmale deutlich unterschieden.

Mit Ausnahme des Roten Gallerttrichters sind alle hier dargestellten Arten Holzbewohner. Giftpilze sind unter ihnen nicht bekannt. Kulinarische Bedeutung haben aber nur das Judasohr und einige Verwandte; sie werden in Asien sogar gezüchtet und unter der – botanisch falschen – Bezeichnung „Chinesische Morcheln“ verkauft.

Der französische Meeresforscher Jacques-Yves Cousteau propagierte Fischzuchten, um so die Meeresfauna zu schonen. Es liegt nahe, sich zum Schutz der wild wachsenden Pilze für eine Ausweitung der Zuchtpilzproduktion einzusetzen.

2

3

4

5

6

7

8

9

10

11

12

Der Goldgelbe Zitterling *(Tremella mesenterica)* wächst das ganze Jahr über auf toten Zweigen in feuchten Lagen. Neben der goldgelben Hauptform **(Abb. 1)** gibt es auch eine blasser gelbe var. *lutescens* **(Abb. 8)**. Der Rotbraune Zitterling *(T. foliacea)* setzt sich aus leicht abgeflachten, gallertigen Lappen zusammen **(Abb. 9)**. Mit Roten Gallerttrichtern *(Tremiscus helvelloides)* werden manchmal Vorspeisen garniert. Der merkwürdige Pilz mit dem weichen, gelatinösen Fleisch wächst in Nadelwäldern **(Abb. 2, 4)**. In Scharen überziehen die unverwechselbaren Keulchen des Laubholz-Hörnlings *(Calocera cornea)* modrige Äste **(Abb. 3)**. Auf morschem Nadelholz findet man den Klebrigen Hörnling *(C. viscosa)* **(Abb. 11)**. Das Judasohr *(Auricularia auricula-judae)* und verwandte Arten bereichern viele asiatische Speisen. Es wächst gern an altem Holunder **(Abb. 5)**. Der Gezonte Ohrlappenpilz *(A. mesenterica)* kann meterlange Rasen auf totem Laubholz bilden **(Abb. 12)**. Der Zitterzahn *(Pseudohydnum gelatinosum)* kommt sowohl in einer blassen, durchsichtigen als auch in einer grauen Form vor **(Abb. 7, 10)**. Runzelige oder gehirnartig gewundene, gallertige schwarze Überzüge auf feuchtem Laubholz sind für den Warzigen Drüsling *(Exidia glandulosa)* typisch. Im Alter sind sie fast durchscheinend **(Abb. 6)**.

KERNPILZE (PYRENOMYCETEN)

1

Die äußerst verschiedenartig gestalteten Pilze gehören einer sehr heterogenen Gruppe an. Wie die Morcheln (s. S. 34f.) und die Becherlinge (s. S. 94f.) handelt es sich um so genannte Schlauchpilze *(Ascomyceten)*, d. h. ihre Sporen entwickeln sich nicht an Basidien, sondern in mikroskopisch kleinen Schläuchen *(Asci)*. Die Asci der Kernpilze sitzen in annähernd rundlichen Kammern, die als Perithezien bezeichnet werden. Essbar sind diese oft holzig-harten Pilzchen nicht, doch werden einige von ihnen auf mögliche heilkräftige Wirkungen hin untersucht. Die Holzkeulen bilden ihre keuligen oder geweihförmig verzweigten Fruchtkörper auf morschen Ästen und Stümpfen. Die schwarzen Kugeln des Kohligen Kugelpilzes findet man meist an Eschen, Erlen und Birken. Der Zinnoberrote Pustelpilz sprenkelt die düstere Rinde abgefallener oder noch ansitzender Laubholzzweige. In der Gattung *Hypoxylon* gibt es sowohl rundlich-polsterförmige Arten als auch flächig-krustenförmige. Sie zählen zur Ordnung der *Sphaeriales*.

Eine besondere Gruppe der Pyrenomyceten bildet die Ordnung der *Clavicipitales*. Der Mutterkornpilz wächst an Gräsern und Getreide. Die Kernkeulen sind überwiegend Insektenparasiten; man findet sie z. B. auf toten Raupen und Schmetterlingspuppen. Andere Arten haben sich auf unterirdisch wachsende Hirschtrüffeln spezialisiert.

2

3

4

5

6

7

8

9

10

11

12

13

14

15

Die Zungen-Kernkeule *(Cordyceps ophioglossoides)* wächst parasitisch auf der Warzigen Hirschtrüffel *(Elaphomyces granulatus)* **(Abb. 1)**. Die Kopfige Kernkeule *(C. capitata)* erleichtert das Auffinden der unterirdischen Hirschtrüffel, auf der sie parasitiert **(Abb. 2, 3)**. Die unregelmäßigen rosafarbenen Gebilde sind asexuelle Nebenfruchtformen *(Tubercularia vulgaris)* des Zinnoberroten Pustelpilzes *(Nectria cinnabarina)*. Die Hauptfruchtform besteht aus winzigen roten Perithezien, die auf dem Foto kaum erkennbar sind **(Abb. 4)**. Die Vielgestaltige Holzkeule *(Xylaria polymorpha)* bildet kurz gestielte, keulige oder unregelmäßig knollige, innen weiße Fruchtkörper. Die Perithezien mit Asci und Sporen sind in die schwarze Außenschicht eingesenkt **(Abb. 5)**. An einen Keulen- oder Korallenpilz (s. S. 64f.) erinnert die Geweihförmige Holzkeule *(Xylaria hypoxylon)* **(Abb. 7)**. Der Kohlige Kugelpilz *(Daldinia concentrica)* bildet bis 5 cm breite, rundliche Fruchtkörper auf der Rinde von Laubbäumen oder der Schnittfläche gefällter Stämme **(Abb. 6, 10)**; die konzentrische Zonung im Innern ist charakteristisch **(Abb. 12)**. Die Puppen-Kernkeule *(Cordyceps militaris)* parasitiert auf Schmetterlingspuppen **(Abb. 11)**. Die Zimtbraune Kohlenbeere *(Hypoxylon howeianum)* erinnert an eine Kollektion Schokoladetrüffeln **(Abb. 8)**. Vor allem Hasel- und Erlenholz besiedelt die Rotbraune Kohlenbeere *(H. fuscum)* **(Abb. 9)**, während man die unregelmäßigen Polster der Vielgestaltigen Kohlenbeere *(H. multiforme)* vor allem an Birkenholz findet **(Abb. 14)**. Vom Flächigen Eckenscheibchen *(Diatrype stigma)* überzogene Zweige wirken auf den ersten Blick wie verkohlt **(Abb. 13)**. Der Goldschimmel *(Apiocrea chrysosperma)* hat die Röhren eines Rotfußröhrlings (s. S. 69f.) befallen **(Abb. 15)**.

1

INOPERCULATE SCHLAUCHPILZE (LEOTIALES)

Diese Ordnung enthält *Ascomyceten,* deren Schläuche sich nicht mit einem kleinen Deckel *(Operculum),* sondern mit einem scheitelständigen Kanal *(Porus)* öffnen. Die Arten variieren sehr in Gestalt, Farbe und Konsistenz, und viele können nur mikroskopisch bestimmt werden. Die Auswahl auf dieser Doppelseite bietet einen Einblick in die Formenfülle. Zu den Leotiales gehören u. a. die Erdzungen *(Geoglossaceae)* mit aufrechten, keuligen Fruchtkörpern; die ähnlichen *Leotiaceae,* bei denen Stiel und Hütchen deutlich getrennt sind; die kleinen, becherförmigen *Hymenoscyphaceae* und die ebenfalls becherförmigen, aber behaarten *Hyaloscyphaceae.* Für den Speisepilzsammler sind diese überwiegend sehr kleinen Arten uninteressant, auch wenn er wissen sollte, dass das Grüngelbe Gallertköpfchen nach neueren Erkenntnissen giftig ist. Wie alle Pilze, sind auch die kleinen *Ascomyceten* unverzichtbare Bestandteile gesunder Ökosysteme, auch wenn wir ihre genauen Aufgaben im Naturkreislauf noch nicht in jedem Einzelfall kennen.

2

3

4

5

6

7

8

9

10

11

12

13

14

Die Gattung *Lachnellula* umfasst zahlreiche auf Nadelholz wachsende Becherlinge mit gelber Innen- und weiß behaarter Außenseite. *L. calyciformis* **(Abb. 1)** wächst meist an Tannen, Kiefern und Fichten, während *L. occidentalis* an Lärchenästen vorkommt **(Abb. 6)**. Der Edelkastanien-Stromabecherling *(Rutstroemia echinophila)* sucht Schutz in abgefallenen Kastanien-Fruchtschalen **(Abb. 2)**. Der seltene Gelbe Spatelpilz *(Spathularia flavida)* **(Abb. 3)** und der Helmkreisling *(Cudonia circinans)* wachsen in der Nadelstreu **(Abb. 5)**. Das giftige Grüngelbe Gallertköpfchen *(Leotia lubrica)* **(Abb. 4)** und die Grüne Erdzunge *(Microglossum viride)* **(Abb. 7)** kommen in feuchten Wäldern vor. Der seltene Schlauchzitterling *(Ascotremella faginea)* wächst an abgefallenen Laubholzästen und ist ohne Mikroskop kaum von Gallertpilzen (s. S. 54f.) zu unterscheiden **(Abb. 8)**. Vom Kleinsporigen Grünspanbecherling *(Chlorociboria aeruginascens)* blaugrün gefärbtes Holz wurde in der Kunsttischlerei und zu Einlegearbeiten verwendet **(Abb. 9)**. Der Buchen-Gallertkreisling *(Neobulgaria pura)* wächst auf der Rinde abgefallener Buchenäste **(Abb. 10)**. Bei Berührung „beschmutzt" der Schmutzbecherling *(Bulgaria inquinans)* mit seinen dunkelbraunen Sporen die Finger. Er wächst in Rindenspalten lagernder Eichenstämme **(Abb. 11)**. Kleine Becherlinge auf Totholz und anderen Pflanzenresten sind nur mit dem Mikroskop genau zu bestimmen **(Abb. 12)**. Der Hasel-Kleiebecherling *(Encoelia furfuracea)* wächst schon im Frühjahr an Hasel- und Erlenästen **(Abb. 13)**. Der Fleischrote Gallertbecher *(Ascocoryne sarcoides)* ist ein häufiger Laubholzbewohner **(Abb. 14)**.

GROSSE FAMILIEN UND GATTUNGEN

STACHELPILZE

Ein Hymenium aus kleinen Stoppeln oder Stacheln charakterisiert die Stachelpilze. Die wichtigsten Gattungen: Stoppelpilze *(Hydnum)*, Korkstachelinge *(Hydnellum)*, Stachelinge *(Bankera)*, Duftstachelinge *(Phellodon)*, Fleischstachelinge *(Sarcodon)*, Ohrlöffelstachelinge *(Auriscalpium)* und Stachelbärte *(Hericium* und *Creolophus)*. Stoppelpilze und Stachelinge wachsen auf dem Erdboden, andere, darunter die Stachelbärte, sind Holzbewohner. Systematisch stehen einige Stachelpilze den Porlingen (s. S. 44ff.) nahe. Der Ohrlöffelstacheling besiedelt auf dem Boden liegende Kiefernzapfen. Die Stoppelpilze und der vielerorts im Rückgang begriffene, bis 20 cm breite Habichtspilz sind gute Speisepilze. Die bizarren Stachelbärte, obwohl streng genommen genießbar, sollten geschont werden. Sie und viele andere Stachelpilze sind botanische Kostbarkeiten und stehen als „gefährdet" auf den Roten Listen. Die meisten kommen wegen ihrer zähen Konsistenz als Esspilze ohnehin nicht in Betracht.

1

2

5

3

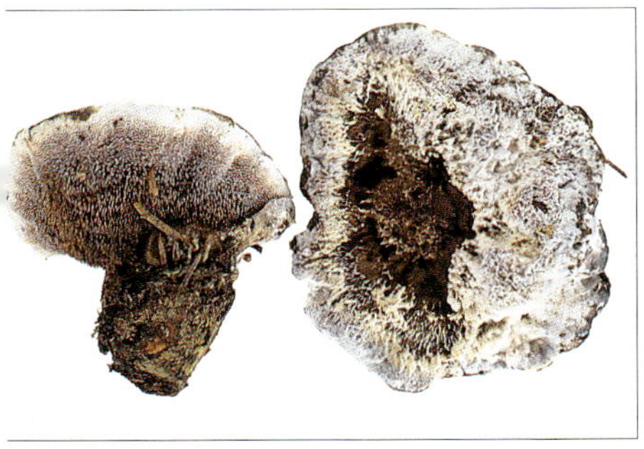

4

6

7

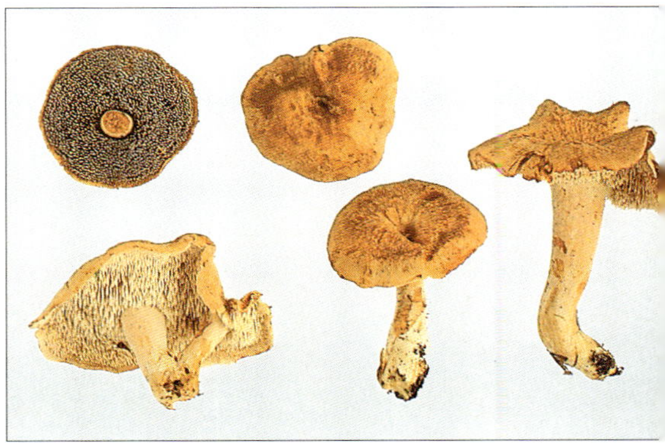

8

9

10

11

12

13

14

Auf Holz wachsen zahlreiche Stachelpilze, die mit den Porlingen verwandt sind. Die Artbestimmung ist ohne Mikroskop oft unmöglich **(Abb. 1)**. Der Ohrlöffelstacheling, dessen Hut seitlich dem Stiel ansitzt, ist auf im Boden vergrabene Kiefernzapfen spezialisiert **(Abb. 2, 4)**. Der Dornige Stachelbart *(Creolophus cirrhatus,* s. S. 117*)* wächst ebenso an totem Laubholz wie der vielfach verzweigte Ästige Stachelbart *(Hericium clathroides)* **(Abb. 5)**. Den Igel-Stachelbart *(H. erinaceus)* findet man am ehesten in Stammwunden älterer Kernobst- und anderer Laubbäume **(Abb. 12)**. Der Bläuliche Korkstacheling *(Hydnellum caeruleum)* **(Abb. 3)**, der Orangegelbe Korkstacheling *(H. aurantiacum)* **(Abb. 10)**, der scharf schmeckende, rote Tröpfchen absondernde Scharfe Korkstacheling *(H. peckii)* **(Abb. 6)** und der nach Anis duftende Wohlriechende Korkstacheling *(H. suaveolens)* **(Abb. 14)** mit lilagrauen Stacheln sind nur noch in einigen Bergnadelwäldern verbreitet. In der Nadelstreu wächst auch der ebenfalls seltene Schwarze Duftstacheling *(Phellodon niger)* mit silbrig-grauen Stacheln **(Abb. 13)**. Der Semmelstoppelpilz *(Hydnum repandum)* ist ein schmackhafter Speisepilz. Die Stacheln sind sehr brüchig **(Abb. 8, 9)**. Sein kleiner Bruder, der Rötliche Stoppelpilz *(H. rufescens)* wächst vorrangig im Nadelwald und ist ebenfalls essbar **(Abb. 7)**. Der Habichtspilz *(Sarcodon imbricatus)* ist an seinem grob geschuppten Hut erkennbar **(Abb. 11)**.

Vorausgehende Doppelseite:
Großes Bild: Pfifferling *(Cantharellus cibarius)*.
Kleines Bild: Habichtspilz *(Sarcodon imbricatus)*, Hutunterseite.

1

KEULEN- UND KORALLENPILZE

Wie Korallen auf dem Meeresgrund wachsen Korallenpilze oft in Scharen auf dem Waldboden. Die Fruchtkörper setzen sich aus vielen, einem gemeinsamen Strunk entspringenden Verästelungen zusammen und formen ein strauchartiges Gebilde. Die Äste können je nach Art abgerundet, blattartig verbreitert, gekräuselt, zylindrisch oder mehrfach gegabelt sein. Bei den Keulenpilzen gibt es breit keulige, schmale und fadenförmige Arten. Viele wachsen im Nadel- und Laubhumus der Wälder; seltener findet man sie auch auf Wiesen und – z. B. die Krause Glucke – an geschädigtem oder totem Holz. Obwohl einige Korallen gute Speisepilze sind, ist Vorsicht geboten, denn die Schöne oder Dreifarbige Koralle (s. S. 16f.) und mehrere andere Arten enthalten Gifte, die auf den Magen-Darm-Trakt wirken. Alle essbaren Korallenpilze müssen vor der Zubereitung gründlich gereinigt werden. Der Hahnenkamm *(Ramaria botrytis)* ist einer von vielen selteneren, auf den ersten Blick oft kaum zu unterscheidenden Korallenpilzen, deren genaue Kenntnis eingehende mikroskopische Studien erfordert.

2

3

4

5

8

6

7

9

10

11

12

13

14

15

16

17

Unverwechselbar schiebt sich die Herkuleskeule *(Clavariadelphus pistillaris)* durchs abgefallene Buchenlaub **(Abb. 1)**. Ihr Fleisch schmeckt etwas süßlich und schwach bitter. Andere Keulen sind kleiner und schlanker; ihre genaue Bestimmung ist ohne Mikroskop oft nicht möglich **(Abb. 7)**. Die Weißliche Borstenkoralle *(Pterula multifida)* hat sich in Scharen auf Nadelstreu angesiedelt **(Abb. 2)**. Die Steife Koralle *(Ramaria stricta)* wächst hier in einem Halbring auf im Boden vergrabenen Nadelholzresten. Häufiger findet man sie an Laubholz **(Abb. 3, 16)**. Der Hahnenkamm *(R. botrytis)* ist essbar und an seinen rosavioletten Zweigenden erkennbar **(Abb. 4)**. Die Rauchgraue Koralle *(R. fumigata)* verdankt ihren Namen der violettgrauen, im Alter nachdunkelnden Farbe **(Abb. 6)**. Die Schwefelgelbe Koralle *(R. flava)* gehört zu den häufigeren Gattungsvertretern **(Abb. 8)**. Giftig ist die Blasse Koralle *(R. pallida)* **(Abb. 11)**. Manchmal wachsen mehrere Korallenarten in Standortgemeinschaft wie hier die Blasse und die Schwefelgelbe Koralle *(R. pallida* und *R. flava)* **(Abb. 12)**. Die Gelbliche Koralle *(R. flavescens)* ist eine weitere gelbe Art, die leicht verwechselt werden kann **(Abb. 15)**. Wenn die zierliche Kammkoralle *(Clavulina cristata)* **(Abb. 5)** von dem schwarzgrauen Pyrenomyceten *Helmintosphaeria clavariae* befallen ist, kann sie leicht mit der Grauen Koralle *(C. cinerea)* verwechselt werden, die in der Nadelstreu oder im Laubhumus vorkommt **(Abb. 17)**. Die Krause Glucke *(Sparassis crispa)* wächst am Grunde alter Kiefern oder an Kiefernstrünken, oft viele Jahre in Folge. Junge Exemplare sind ausgezeichnete, ergiebige Speisepilze **(Abb. 9, 10)**. Die Goldgelbe Wiesenkoralle *(Clavulinopsis helvola)* findet man auf Wiesen und an grasigen Waldrändern **(Abb. 13)**. Die unverzweigten, dünnen Fruchtkörper des Linsen-Fadenkeulchens *(Typhula phacorrhica)* entspringen einem linsenförmigen, schwarzbraunen Sklerotium **(Abb. 14)**.

DICKRÖHRLINGE UND RAUSTIELRÖHRLINGE

Dickröhrlinge *(Gattung Boletus)* und Raustielröhrlinge *(Gattung Leccinum)* haben glatte oder feinsamtige Hüte, bei denen oft die Brauntöne dominieren. Die Röhren lassen sich leicht vom Hutfleisch lösen. Dickröhrlinge haben meist gedrungene, bauchige oder wie aufgeblasen wirkende Stiele, deren braune, blass holzfarbene, gelbe oder rote Oberfläche mit einer feinen Netzzeichnung überzogen sein kann. Einige der bekanntesten Speisepilze wie die verschiedenen Steinpilze (s. a. S. 18f.) gehören in diese Gruppe. Manche Arten haben an der Luft blauendes Fleisch, eine Reaktion, die keinerlei Rückschlüsse auf Essbarkeit oder Giftigkeit erlaubt. Der Flockenstielige Hexenröhrling *(B. erythropus)* wird manchmal als „Mykologenlohn" bezeichnet, weil sich weniger versierte Pilzsammler durch das im Schnitt stark blauende gelbe Fleisch abschrecken lassen. Er wächst vor allem auf sauren Böden. Der giftige Satanspilz *(B. satanas)*, für den er oft gehalten wird, ist dagegen eine seltene Art der Kalkbuchenwälder; sein weißes bis blassgelbes Fleisch blaut nur langsam. Der Hut ist weißgrau, die gelben Röhren verfärben sich bald blutrot und blauen kaum. Manche Röhrlinge, wie der rosaporige Gallenröhrling *(Tylopilus felleus)*, sind zwar ungiftig, aber so bitter, dass schon ein Stück genügt, um ein Pilzgericht geschmacklich zu verderben.

Das weiße bis blassgraue Fleisch der Raustielröhrlinge bleibt im Schnitt unverändert oder nimmt – oft arttypische – rötliche, blaue, grüne oder violettgraue Töne an. Wie die meisten Röhrlinge sind auch die *Leccinum*-Arten Mykorrhizapilze, d. h. ihr Myzel liefert den Bäumen Spurenelemente – vor allem Mineralien – und fördert auf diese Weise das Wachstum. So hat man festgestellt, dass Fichten, unter denen Steinpilze standen, besser wuchsen und von bestimmten Krankheiten verschont blieben. Für das ökologische Gleichgewicht unserer Wälder sind Mykorrhizapilze unverzichtbar, weshalb man sie auch nur in Maßen sammeln sollte. Birken, Espen, Pappeln und Hainbuchen sind die wichtigsten Baumpartner der Raustielröhrlinge. Daneben gibt es auch einige Nadelholzbegleiter. Viele Arten bevorzugen feuchte Böden. Die Hutfarbe variiert zwischen Weiß, Braun in allen Schattierungen und Rot bis Orange oder Gelb. Die Stiele ausgereifter Fruchtkörper sind lang, schlank und rauschuppig. Nach bisherigem Kenntnisstand sind alle Raustielröhrlinge essbar. Man verwendet jedoch nur junge, feste Exemplare.

1

2

3

4
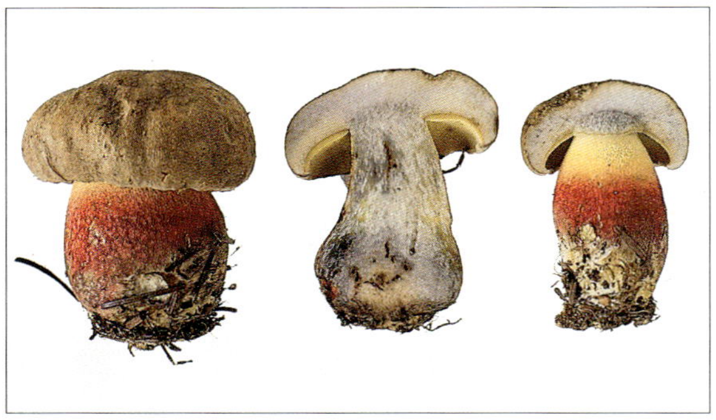

5

6

7

8

9

10

11

12

13

14

15

16

Der Grüneichen-Raufuß *(Leccinum lepidum)* ist eine mediterrane Art, die vor allem im Küstenbereich vorkommt **(Abb. 1)**. Die Eichenrotkappe *(L. quercinum)* bildet Mykorrhizen mit Eichen **(Abb. 5)**. Unter Birken auf sauren Böden kann die Heiderotkappe *(L. versipelle)* sehr häufig sein. Ihr Fleisch schwärzt im Schnitt **(Abb. 12)**. Weniger bekannt ist der Grobschuppige Raufuß *(L. nucatum)* **(Abb. 9)**. Der Hainbuchenröhrling *(L. carpini)* **(Abb. 10)** lebt in Symbiose mit Hainbuchen, während der Pappel-Raufuß *(L. duriusculum)* unter Pappeln gedeiht **(Abb. 14)**. Der bekannte Birkenpilz *(L. scabrum)* ist nur einer von mehreren Birken begleitenden Raustielröhrlingen **(Abb. 15)**. Auch der Dunkle Birkenpilz *(L. melaneum)* gehört in diese Gruppe **(Abb. 11)**. In Birkenmooren findet man den Verschiedenfarbenen Raufuß *(L. variicolor)*. Typisch sind der gefleckte Hut und die blaugrün verfärbende Stielbasis **(Abb. 16)**. Der Bronzeröhrling oder Schwarze Steinpilz *(Boletus aereus)* wächst in Laubwäldern und gilt als wärmeliebend **(Abb. 2)**. Der sehr seltene Wolfsröhrling *(B. lupinus)* kommt unter Eichen auf Kalkböden vor **(Abb. 3)**. Ein weißliches Netz schmückt den roten Stiel des Schönfußröhrlings *(B. calopus)* **(Abb. 4)**. Der giftige Satanspilz *(B. satanas)* hat nur leicht blauendes Fleisch und einen weißlichen Hut **(Abb. 6)**. Ein dunkelbrauner Hut und stark blauendes Fleisch charakterisieren den Flockenstieligen Hexenröhrling *(B. erythropus)* **(Abb. 8)**. Das Fleisch des Glattstieligen Hexenröhrlings *(B. queletii)* ist zumindest im Stiel wie Rote Beete gefärbt **(Abb. 7)**. Der Fichtensteinpilz *(B. edulis)*, einer der bekanntesten und häufigsten Röhrlinge **(Abb. 13)**.

1

SCHMIERRÖHRLINGE UND FILZRÖHRLINGE

Schmierröhrlinge (Gattung *Suillus)* und Filzröhrlinge (Gattung *Xerocomus)* sind morphologisch den Dickröhrlingen (s. S. 66f.) sehr ähnlich. Schmierröhrlinge haben einen schmierigen Hut, gelbe, ockerliche oder olivfarbene Röhrenmündungen (Poren) und weiches, ziemlich fades Fleisch. Auch der Stiel kann schmierig sein und ist manchmal beringt oder körnig punktiert. Die Huthaut der Filzröhrlinge ist trocken und samtig oder wildlederartig und platzt bei einigen Arten rissig auf. Die oft recht großen Poren sind rund oder eckig; das Fleisch ist fest und aromatisch. In beiden Gruppen dominieren die Mykorrhizabildner, von denen manche streng an bestimmte Bäume gebunden sind. So wächst der Goldröhrling nur bei Lärchen. Die Gattung *Phylloporus* (Blätterröhrling) ist in Europa mit nur einer Art vertreten, dem Goldblatt. Die Poren sind radial verlängert, sodass sie wie Lamellen aussehen. Echte Giftpilze sind unter den Schmier- und Filzröhrlingen keine bekannt. Manche Arten sind jedoch schwer verdaulich, und der Butterpilz hat in Einzelfällen schwere Unverträglichkeitsreaktionen hervorgerufen. Der Maronenröhrling ist bekannt dafür, dass er in besonders hohem Maße radioaktives Caesium speichert, weshalb er in stark vom Tschernobyl-Fallout belasteten Gebieten besser nicht gegessen werden sollte.

2

3

4

5

6

7

8

9

10

11

12

13

14

15

16

17

Man denkt, einen Lamellenpilz vor sich zu haben, doch ist das seltene Goldblatt *(Phylloporus rhodoxanthus)* ein Röhrling. Die „Lamellen" sind radial verlängerte Röhren **(Abb. 1)**. Der Braune Filzröhrling *(Xerocomus lanatus)* **(Abb. 2)** steht der in Laub- und Nadelwäldern wachsenden Ziegenlippe *(X. subtomentosus)* **(Abb. 16)** sehr nahe; beide Arten sind essbar. Die Kurzröhrige Marone *(X. badiorufus)* **(Abb. 3)** wird oft nicht von der Hauptform des Maronenröhrlings *(X. badius)* unterschieden. Trotz ihres blauenden Fleisches ist die Marone ein sehr guter Speisepilz **(Abb. 15)**. Der Blutrote Röhrling *(X. rubellus)* besticht durch seine lebhafte Färbung. Er wächst vor allem unter Birken **(Abb. 6)**. Der Parasitische Röhrling *(X. parasiticus)* ist ein merkwürdiger kleiner Pilz, der nur auf Kartoffelbovisten *(Scleroderma aurantium,* s. a. S. 122) gedeiht **(Abb. 7)**. Der Bereifte Filzröhrling *(X. pruinatus)* verdankt seinen Namen dem feinen Reif, der junge Hüte überzieht. Wegen seiner gerippten Sporen stellt man ihn heute in die Gattung *Boletellus* **(Abb. 9)**. Einer der häufigsten Filzröhrlinge ist der Rotfußröhrling *(X. chrysenteron)* **(Abb. 12)**, während der Aprikosenfarbige Röhrling *(X. armeniacus)* nördlich der Alpen sehr selten ist und geschont werden sollte **(Abb. 14)**. Der Sandröhrling *(Suillus variegatus)* **(Abb. 4)** und der Schmerling oder Körnchenröhrling *(S. granulatus)* **(Abb. 10)** sind Kiefernbegleiter und sollten, da sie stark abführend wirken, nicht in zu großer Menge gegessen werden. Der im Grunde essbare Butterpilz *(Suillus luteus)* wird von manchen Menschen individuell nicht vertragen **(Abb. 5)**. Die höheren Stände verschmähten einst den wie der Butterpilz an die Kiefer gebundenen Kuhröhrling *(S. bovinus)* und überließen ihn dem einfachen Volk, insbesondere den Rinderhirten. So erklärt man seinen französischen Namen Bouvier („Ochsenhirt") **(Abb. 8, 17)**. An die Lärche gebunden ist der Goldröhrling *(S. grevillei)* **(Abb. 11)**; der Elfenbeinröhrling *(S. placidus)* wächst dagegen nur unter fünfnadeligen Kiefern wie der Weymouthskiefer **(Abb. 13)**.

1

RITTERLINGE

2

Die Ritterlinge (Gattung *Tricholoma)* sind relativ fleischige, aber weder elastische noch ledrig-zähe Pilze, bei denen Hut- und Stielfleisch nur schwer voneinander trennbar sind. Die Lamellen sind am Stiel nicht frei, sondern ausgebuchtet. Das Sporenpulver ist weiß oder blass cremefarben. Nur wenige der etwa einhundert bekannten, z. T. schwer bestimmbaren Arten sind giftig. Die Extreme markieren der lebensgefährliche, grauschuppige Tigerritterling (s. S. 12f.) und der begehrte Grünling oder Edelritterling. Die Zahl der guten Speisepilze hält sich im übrigen in Grenzen, da viele Arten bitter oder sonstwie unangenehm schmecken oder riechen. Das Geruchsspektrum der Ritterlinge ist sehr groß und eine gute Bestimmungshilfe im Gelände. Man findet u. a. Arten, die nach Leuchtgas oder Schwefel, nach Seife, Insektenvertilgungsmittel oder mehr oder weniger intensiv nach Mehl riechen. Variabel sind auch die Farben und die Hutbekleidung: Einige Arten sind weißlich oder gelb, viele grau oder braun in verschiedenen Abstufungen. Die Hutoberfläche kann glatt und schmierig, radialfaserig oder zur Gänze mit mehr oder weniger angedrückten Schüppchen bedeckt sein. Das Fleisch mancher Ritterlinge rötet oder gilbt im Schnitt oder an Druckstellen. Alle sind Waldbewohner, erscheinen meist erst im Herbst und harren bis zu den ersten Frösten aus.

3

4

5

6

7

8

9

10

11

12

13

14

15

16

17

Aufmerksame Spaziergänger riechen den Schwefelritterling *(Tricholoma sulphureum)* **(Abb. 14)** und den Violettbraunen Schwefelritterling *(T. bufonium)* oft schon, bevor sie die Pilze entdecken **(Abb. 1, 13)**. Der Seidige Ritterling *(T. columbetta)* mit seidigweißem Hut ist ein wenig bekannter, guter Speisepilz **(Abb. 6)**. An seinem „Waschküchengeruch" erkennt man den farblich sehr variablen Seifenritterling *(T. saponaceum)*, der sowohl in Laub- wie in Nadelwäldern vorkommt **(Abb. 7, 9)**. Der Strohblasse Ritterling *(T. album)* ist durch seinen scharfen Geschmack charakterisiert **(Abb. 8)**. Unter Kiefern wächst der begehrte Grünling oder Edelritterling *(T. equestre)* **(Abb. 10)**. Der Bärtige Ritterling *(T. vaccinum)* ist eine weit verbreitete Nadelwaldart; wie die meisten braunen Ritterlinge ist er als Speisepilz nicht zu empfehlen **(Abb. 11)**. Das Fleisch des Braunschuppigen Ritterlings *(T. imbricatum)* schmeckt bitter; der Pilz wächst vor allem unter Kiefern **(Abb. 12)**. Ungenießbar ist auch der Gerippte Ritterling *(T. acerbum)*, ein rarer, zu schonender Laubwaldpilz **(Abb. 15)**. Der Mausgraue Erdritterling *(T. myomyces)* **(Abb. 16)** kann im Mischgericht verwendet werden. Vorsicht vor Verwechslungen mit dem giftigen Tigerritterling (s. S. 12f.)! - Ein Birkenbegleiter mit bitterlichem Geschmack ist der Gelbblättrige Ritterling *(T. fulvum)* **(Abb. 17)**. Einen wunderschönen Kontrast bilden der rotfilzige Hut und die gelben Lamellen des Purpurfilzigen Holzritterlings *(Tricholomopsis rutilans)*, der an Stümpfen oder vergrabenem Nadelholz wächst **(Abb. 2, 3)**. Er ist ebenso ungenießbar wie der hübsche Olivgelbe Holzritterling *(T. decora)* **(Abb. 4, 5)**.

1

SCHWINDLINGE UND RÜBLINGE

2

Zu den Schwindlingen zählen in Mitteleuropa etwa 60, auf mehrere Gattungen verteilte Arten. Gemeinsam ist ihnen, dass ihre Fruchtkörper nicht verfaulen, sondern vertrocknen. Einige leben nach neuerlicher Befeuchtung sogar wieder auf. Vor allem die Stiele der Schwindlinge sind dünnfleischig und zäh; die kleinen Hüte haben nur relativ wenige, entferntstehende Lamellen. Das Sporenpulver ist weiß.
Die Rüblinge stehen den Schwindlingen sehr nahe und umfassen an die 50, ebenfalls auf mehrere Gattungen verteilte Arten. Die meisten Rüblinge sind größer als die Schwindlinge, doch gibt es auch einige sehr kleine Species.
Giftpilze sind unter den Schwindlingen und Rüblingen bisher nicht bekannt. Wegen ihrer geringen Größe, des oftmals brennend scharfen Geschmacks und unangenehmen Geruchs sowie des zähen, biegsamen Fleisches kommen die meisten Arten für den Speisepilzsammler nicht in Frage. Eine Ausnahme bildet der exzellente Nelkenschwindling. Schwindlinge und Rüblinge wachsen auf dem Boden oder an Holz und anderen Pflanzenresten und können das ganze Jahr über gefunden werden.

3

4

5

6

7

8

9

10

11

12

Der in Wäldern auf saurem Boden häufige Gefleckte Rübling *(Collybia maculata)* schmeckt bitter und gehört zu den größeren Arten der Gattung **(Abb. 1)**. Der Seidige Sklerotienrübling *(C. cirrhata)* **(Abb. 2)**, der Gelbknollige Sklerotienrübling *(C. cookei)* **(Abb. 7, 13)** und der Braunknollige Sklerotienrübling *(C. tuberosa)* **(Abb. 9)** wachsen auf faulenden Pilzfruchtkörpern. In Bergnadelwäldern, aber auch unter Laubbäumen begegnet man dem seltenen Drehstieligen Rübling *(C. distorta)* **(Abb. 4)**. Stets in Büscheln und oft in großen Scharen wächst der Knopfstielige Büschelrübling *(C. confluens)* **(Abb. 5, 8)**. Den Spindelfüßigen Rübling *(C. fusipes)* mit wurzelnder, zugespitzter Stielbasis findet man vor allem am Grunde alter Eichen. Er kann Verdauungsstörungen verursachen **(Abb. 14)**. Der kleine Halsbandschwindling *(Marasmius rotula)* wächst auf pflanzlichen Abfällen unterschiedlicher Art. Seine Lamellen sind am Stiel in einem kleinen Kollar („Halsband") zusammengefasst **(Abb. 3)**. Auf abgefallenen Koniferennadeln gedeiht der Rosshaarschwindling *(M. androsaceus)* **(Abb. 11)**. Meist unter Buchen im Falllaub begegnet man dem Violettlichen Schwindling *(M. wynneae)* **(Abb. 12)**, während der Große Knoblauchschwindling *(M. prasiosmus)* eher unter Eichen zu finden ist **(Abb. 15)**. Sein übler Geruch kennzeichnet den Stinkschwindling *(Micromphale foetidum)*, der auf feuchten Laubholzästen wächst **(Abb. 6)**. Holzbewohner ist auch der Ästchenschwindling *(Marasmiellus ramealis)* **(Abb. 10)**.

13

14

15

HELMLINGE

In der artenreichen Gattung *Mycena* (Helmlinge) – wir kennen in Europa ca. 170 Arten – sind kleine, schlanke und oft sehr fragile weißsporige Lamellenpilze mit konischen bis glockigen, oft radial gestreiften oder gerieften Hüten und am Stiel angewachsenen Lamellen zusammengefasst. Das dünne Fleisch ist zerbrechlich und rasch vergänglich. Viele Arten sind nur mit dem Mikroskop bestimmbar. Zu den wichtigsten Merkmalen im Gelände gehören u. a.: das eventuelle Vorhandensein eines weißen oder gefärbten Safts, der an verletzten Stellen des Hutes oder aus angebrochenen Stielen hervorquillt, ein auffallender Geruch, z. B. nach ranzigem Mehl, nach Chlor oder nach Jod, mögliche Farbkontraste zwischen Hutmitte und Hutrand und die eventuelle Färbung der Lamellen oder der Lamellenscheiden. Als Speisepilze sind die kleinen, zarten Fruchtkörper bedeutungslos. Eine der häufigsten Arten, der Rettichhelmling und seine nächsten Verwandten, gelten überdies als giftig. Helmlinge wachsen oft büschelig an alten Baumstümpfen und vermodernden Ästen, kommen aber auch in großen Scharen auf Laub- und Nadelhumus sowie auf Wiesen vor. Einige Arten wachsen sogar im Winter und im zeitigen Frühjahr.

1

2

3

4

5

6

7

8

9

10

11

12

13

14

15

16

17

In Scharen auf Kiefernnadeln wächst hier der Milchweiße Scheinhelmling *(Hemimycena lactea)* **(Abb. 2)**. Der Alkalische Helmling *(Mycena alcalina)* **(Abb. 1)** riecht stark nach Ammoniak, der Graue Nitrathelmling *(M. leptocephala)* **(Abb. 3)** eher chlorartig. – Der Klebrige Helmling *(M. vulgaris)* wächst in großen Scharen auf der Nadelstreu **(Abb. 3)**. Zerbricht man den Stiel des Weißmilchenden Helmlings *(M. galopus)*, so quillt aus der Bruchstelle ein weißer Saft **(Abb. 5)**. Der Rosa Helmling *(M. rosella)* – hier links neben einer Stinkenden Lederkoralle *(Thelephora palmata)* abgebildet **(Abb. 6)**, gehört zur „Nadelstreu-Pilzflora" des Herbstes **(Abb. 6, 11)**. Viele Helmlinge wachsen büschelig oder in Scharen auf Totholz und sind nur mikroskopisch bestimmbar **(Abb. 7)**. Den Rillstieligen Helmling *(M. polygramma)* kennzeichnet der silbrige, längsrillige Stiel **(Abb. 8)**. Der Gelbmilchende Helmling *(M. crocata)* ist ein Pilz der Kalkbuchenwälder **(Abb. 9)**. Alte Eichenstümpfe sind das Hauptsubstrat des Buntstieligen Helmlings *(M. inclinata)* **(Abb. 10)**. Der Dehnbare Helmling *(M. epipterygia)* kommt in mehreren Formen an Altholz, auf Humus und zwischen Torfmoosen vor **(Abb. 12)**. Ein sehr häufiger Totholzbesiedler ist der Rosablättrige Helmling *(M. galericulata)*; die Rosafärbung reifer Lamellen ist arttypisch **(Abb. 13, 14)**. Zwischen Laubhumus und Moosen an feuchten Stellen wächst der Zähe Fadenhelmling *(M. vitilis)* **(Abb. 15)**. Der Rettichhelmling *(M. pura)* ruft leichte Vergiftungen des Magen-Darm-Trakts hervor und greift auch das Nervensystem an **(Abb. 16)**. Den Bogenblättrigen Helmling *(M. speirea)* erkennt man u. a. an seinen herablaufenden Lamellen **(Abb. 17)**.

SCHNECKLINGE

1

Der Gattungsname *Hygrophorus* bedeutet, wörtlich übersetzt, „Feuchtigkeitsträger". Bei den Schnecklingen handelt es sich um teils recht derbfleischige, teils schlanke Pilze, von denen einige von oben bis unten mit Schleim überzogen sind. Die Lamellen sind frei, angewachsen oder herablaufend und meist ziemlich breit, dick und entferntstehend. Anders als bei den bunten Saftlingen (s. S. 32f.), mit denen sie die Familie der Wachsblättler *(Hygrophoraceae)* bilden, dominieren bei den Schnecklingen mattere Farben und Pastelltöne. Die meisten Arten wachsen in Laub- und Nadelwäldern, einige auch auf Wiesen. Manche ziehen kalkhaltige, andere saure Böden vor. Giftige Schnecklinge sind bisher nicht bekannt. Die Gattung enthält einige sehr beliebte und gesuchte Speisepilze wie den Märzschneckling, dessen Bestände allerdings stark rückläufig sind. Das feste, appetitliche Fleisch ermöglicht den Transport im Sammelkorb auch über längere Strecken.

2

3

4

5

6

7

8

9

10

11

12

13

14

15

Der wenig schmackhafte Buchenschneckling *(Hygrophorus fagi)* ist cremeweiß und manchmal rosa überhaucht **(Abb. 1)**. Den Orangeschneckling *(H. pudorinus)* findet man vor allem in Tannenwäldern auf Kalkböden. In manchen Regionen wird er durch Abkochen genießbar gemacht **(Abb. 2)**. Der Märzschneckling *(H. marzuolus)* wächst in Bergwäldern nach der Schneeschmelze. Der gute Speisepilz ist sehr selten geworden **(Abb. 3, 6)**. Ebenfalls in Bergwäldern unter Buchen und Fichten wächst der essbare Rasige Purpurschneckling *(H. erubescens)* **(Abb. 5)**. Der Trockene Schneckling *(H. penarius)* wird in manchen Gegenden als Speisepilz geschätzt **(Abb. 4)**. Ein seltener Pilz feuchter Nadelwälder ist der Weinrote Schneckling *(H. capreolarius)* **(Abb. 7)**. Der Große Kiefernschneckling *(H. latitabundus)* **(Abb. 8)** und der Elfenbeinschneckling **(Abb. 9)** sind schleimig-klebrig – daher der Name „Schneckling"! Starker Bittermandelgeruch kennzeichnet den Wohlriechenden Schneckling *(H. agathosmus)* **(Abb. 10)**. Der Hellrandige Schneckling *(H. lindtneri)* hat bogig herablaufende Lamellen **(Abb. 11)**. Den Geflecktblättrigen Purpurschneckling *(H. russula)* findet man unter Buchen, Hainbuchen und Eichen über Kalk **(Abb. 12)**. Vor allem unter Buchen kommt der seltene Mehlstiel-Schneckling *(H. arbustivus)* vor **(Abb. 13)**. Goldgelbe Flöckchen schmücken den Goldzahn-Schneckling *(H. chrysodon)* **(Abb. 14)**. Der Graue Schneckling *(H. unguinosa)* wird neuerdings als „Grauer Saftling" in die nah verwandte Gattung *Hygrocybe* (s. S. 32f.) gestellt **(Abb. 15)**.

TÄUBLINGE

1

Von den annährend 350 europäischen Täublingsarten (Gattung *Russula)* sind viele nur mit mühsamen Untersuchungen der Sporen, der Huthaut und anderer mikroskopischer Details zu bestimmen. Dabei gibt es kaum einen Wald, in dem man während der Pilzsaison im Sommer und Herbst nicht den einen oder anderen Täubling findet. Außer dem Speitäubling und seinen Verwandten enthält die Gattung keine Giftpilze. Es gilt die Faustregel, dass alle mild schmeckenden Täublinge essbar sind (bei einigen Arten wie dem Rotstieligen Ledertäubling sind individuelle Unverträglichkeitsreaktionen möglich). Viele Arten, die nur wenig Eigengeschmack entwickeln, erfreuen in ihrer bunten Vielfalt Auge und Geist des Betrachters. Um einen Täubling als Täubling zu erkennen, präge man sich folgende Merkmale ein: Das Fleisch ist brüchig oder kreidig, fasert im Stiel nicht längs auf, sondern zerbricht in unregelmäßige Stücke (s. S. 123). An der Luft bleibt es weiß oder verfärbt sich. Der Geschmack ist mild, scharf oder bitter. Wichtig für die Artbestimmung ist die Farbe des Sporenpulvers, die zwischen reinem Weiß und sattem Gelb variiert. Die Lamellen sind meist horizontal und angewachsen. Mykologen testen Täublinge auch mit Chemikalien auf unterschiedliche Farbreaktionen. Die Huthaut kann festgewachsen bzw. ganz oder teilweise abziehbar sein. Die Hüte prangen in allen Farben und können selbst innerhalb einer Art sehr variabel sein. Manche Täublinge haben auch einen arttypischen Geruch. Sie können z. B. fruchtartig, fischig-tranig, jodartig oder süßlichgebäckartig riechen.

2

3

4

5

6

7

8

9

10

11

12

13

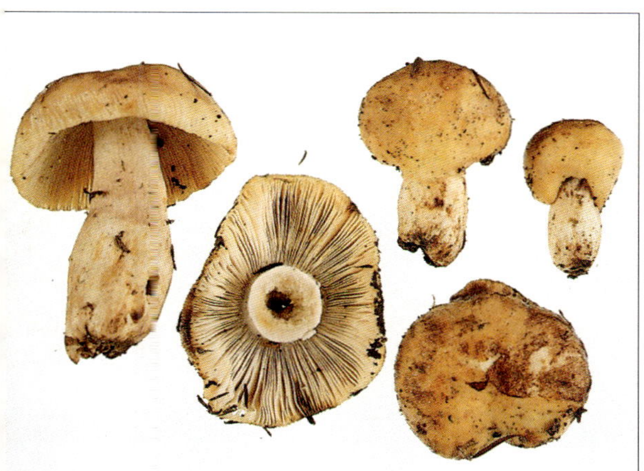
14

15

16

17

18

19

Der Rote Heringstäubling *(Russula xerampelina)* wächst vor allem in Nadelwäldern. Der „Heringsgeruch" entwickelt sich oft erst nach längerem Liegen **(Abb. 1)**. Der Harte Zinnobertäubling *(R. lepida)* ist wegen seines harten, bitterlichen Fleischs kaum genießbar **(Abb. 2)**. Einer der häufigsten Herbstpilze ist der Ockertäubling *(R. ochroleuca)* **(Abb. 3)**. Typisch für den Goldtäubling *(R. aurea)* sind die goldgelben Lamellen **(Abb. 4)**. Scharf schmeckt der Bluttäubling *(R. sanguinea)*, eine Nadelwaldart **(Abb. 5)**. Die Lamellen des Breitblättrigen Weißtäublings *(R. delica)* **(Abb. 6)** stehen weiter auseinander und sind breiter als die des Schmalblättrigen Weißtäublings *(R. chloroides)*, welche zudem einen blaugrünen Schimmer haben **(Abb. 7)**. Der Purpurschwarze Täubling *(R. krombholzii)* wächst unter Eichen auf sauren Böden **(Abb. 8)**. Die Hüte des Jodoformtäublings *(R. turci)* sind schleimig-schmierig **(Abb. 9)**. Seinem Geruch nach Stachelbeerkompott verdankt der scharfe Stachelbeertäubling *(R. queletii)* seinen Namen **(Abb. 10)**. Zu den schmackhaftesten Täublingen zählt der Frauentäubling *(R. cyanoxantha)* **(Abb. 11)**. Der Rissighütige Frauentäubling *(R. cutefracta)* ist viel seltener **(Abb. 13)**. Das Fleisch des Dickblättrigen Schwärztäublings *(R. nigricans)* rötet im Schnitt zunächst und schwärzt später **(Abb. 12)**. Die braun punktierten Lamellenschneiden waren für den Namen des Morsetäublings *(R. illota)* ausschlaggebend **(Abb. 14)**. Viele rote Täublinge sind nur mikroskopisch genau bestimmbar **(Abb. 15)**. Sehr kräftige, z. T. Übelkeit erregende Gerüche sind für die Artengruppe um den Stinktäubling *(R. foetens)* typisch **(Abb. 16)**. Der scharfe Zitronenblättrige Täubling *(R. drimeia)* wächst im Kiefernwald **(Abb. 17)**. Im Bergnadelwald findet man über Kalk den Braunen Ledertäubling *(R. integra)* **(Abb. 18)** und auf sauren Böden den Wieseltäubling *(R. mustelina)* **(Abb. 19)**.

MILCHLINGE

1

2

Die meisten Milchlinge (Gattung *Lactarius)* zeichnen sich durch matte Farben und einen zumindest im Alter trichterig vertieften Hut sowie herablaufende Lamellen aus. Die an verletzten Stellen austretende, weiße oder gefärbte Milch unterscheidet sie von den Täublingen (s. S. 78f.). Neben einigen wenigen Giftpilzen wie dem Birkenreizker (s. S. 16f.) enthält die Gattung hauptsächlich ungenießbare Arten, denn die Milch schmeckt überwiegend scharf oder bitter. Bei manchen Milchlingen verfärbt sie sich in arttypischer Weise, entweder sofort oder erst nach einer gewissen Zeit. Wichtig für die Bestimmung ist auch der Standort, denn die meisten Milchlinge sind Mykorrhizapartner bestimmter Bäume.

Die Zahl der essbaren Milchlinge ist relativ klein. Zu ihnen gehören vor allem die rotmilchenden Arten um den Weinroten Kiefernreizker *(L. sanguifluus),* die vor allem gegrillt oder in der Pfanne gebraten recht gut sind. Der Edelreizker, der Lachsreizker und der Fichtenreizker gehören in die gleiche Gruppe und werden vom Laien oft nicht unterschieden, obwohl sie sich morphologisch und mit Hilfe der unterschiedlichen Begleitbäume gut trennen lassen. Auch der nach Hering riechende Brätling *(L. volemus)* ist ein volkstümlicher Bratpilz, der leider in jüngster Zeit selten geworden ist. Insgesamt sind annähernd 150 europäische Arten bekannt.

3

4

5

6

7

8

9

10

11

12

13

14

15

16

17

18

Die Reizker mit roter bis orangefarbener Milch unterscheiden sich durch die Milchverfärbung und den Standort. Der Edelreizker *(Lactarius deliciosus)* **(Abb. 1)**, der mehr ziegelrötliche bis rotbraune, in Deutschland noch nicht nachgewiesene *L. quieticolor* **(Abb. 2)** und der Weinrote Kiefernreizker *(L. sanguifluus)* sind Kiefernbegleiter **(Abb. 3)**. An die Fichte gebunden ist der Fichtenreizker *(L. deterrimus)* **(Abb. 8)**, an die Tanne der Lachsreizker *(L. salmonicolor)* **(Abb. 12)**. Milchlinge mit rotbraunen Tönen sind oft schwer bestimmbar. Manchmal hilft der Geruch weiter, der z. B. beim Eichenmilchling *(L. quietus)* an Blattwanzen erinnert **(Abb. 4)**. Ähnlich riecht der Wässrige Milchling *(L. subumbonatus)* **(Abb. 6)**. Der Rotbraune Milchling *(L. rufus)* mit rein weißer, sehr scharfer Milch wächst auf sauren Böden unter Kiefern und Birken **(Abb. 7)**. Unter Laubbäumen auf Kalk findet man den Fuchsigbraunen Milchling *(L. fulvissimus)* mit unveränderlich weißer Milch **(Abb. 10)**. Große, helle Fruchtkörper haben der Wollige Milchling *(L. vellereus)* **(Abb. 11)** mit pfeffrig-scharfer Milch, der unter Pappeln wachsende Rosascheckige Milchling *(L. controversus)* **(Abb. 13)** und der Grünende Pfeffermilchling *(L. pergamenus)*, dessen Milch beim Eintrocknen graugrün verfärbt **(Abb. 16)**. Der Flaumige Moormilchling *(L. favrei)* wächst unter Moor- und Zwergbirken, gern im Gebirge **(Abb. 14)**. Der graue Kokosflockenmilchling *(L. glyciosmus)* ist am Kokosgeruch erkennbar **(Abb. 5)**. Der Pechschwarze Milchling *(L. picinus)* wächst in Bergnadelwäldern **(Abb. 9)**. Der Hainbuchenmilchling *(L. circellatus)*, hier eine sehr helle Form hat einen mehrfach gezonten Hut **(Abb. 15)**. Die Milch des Grubigen Milchlings *(L. scrobiculatus)*, hier schon ausgeblasste Exemplare, verfärbt an der Luft schwefelgelb **(Abb. 17)**. Der Olivbraune Milchling *(L. plumbeus)* ist auf sauren Böden häufig **(Abb. 18)**.

SCHLEIERLINGE (I)

1

Von anderen Lamellenpilzen unterscheiden sich die Schleierlinge (Gattung *Cortinarius)* durch die Cortina, einen spinnwebartigen „Schleier", der bei jungen Pilzen die Lamellen schützt. Bei alten Fruchtkörpern ist die Cortina oft kaum noch zu sehen. Manchmal hinterlässt sie hauchdünne Fasern am Hutrand oder eine flüchtige, vom Sporen gebräunte Ringzone am Stiel. Die Lamellen sind angewachsen und laufen mitunter „mit Zahn" herab, d. h. sie sind am Stielansatz ein kleines Stück nach unten ausgezogen. Die Sporen sind meist rostbraun, seltener auch dunkler purpur- bis schwarzbraun. Unter dem Mikroskop erkennt man, dass ihre Oberfläche warzig granuliert ist. Wer nur auf Speisepilze erpicht ist, wird von den Schleierlingen enttäuscht sein, denn unter den ca. 800 europäischen Arten gibt es nur wenige, die für die Küche lohnen. Viele Arten sind giftig und die Verwechslungsmöglichkeiten groß. Vom kulinarischen Wert abgesehen, enthält die Gattung eine Anzahl auffallend großer und stattlicher Arten, die das Herz des Mykologen und Naturfreunds erfreuen. Ihre Farbvielfalt ist erstaunlich. Das Artenstudium ist eine Wissenschaft für sich, die Anfänger in der Pilzkunde – aber auch manche Fortgeschrittene – zur Verzweiflung bringen kann. Selbst das Mikroskop ist kein Allheilmittel, da die Sporen vieler Arten einander stark ähneln. Unter den makroskopischen, d. h. mit bloßem Auge erkennbaren Merkmalen beachte man besonders die Huthaut (schleimig, filzig etc.), die Stielbasis mit gerandeter oder ungerandeter Knolle, die Farbe und Beschaffenheit der Cortina, die Sporen- und Lamellenfarbe. Schwierigkeiten ergeben sich daraus, dass manche Merkmale nicht konstant sind oder sich während der Reife ändern.

Die deutschen Namen der Schleierlinge richten sich nach den Untergattungen *Bulbopodium* (Klumpfüße) *Dermocybe* (Hautköpfe), *Leprocybe* (Rauköpfe), *Myxacium* (Schleimfüße), *Phlegmacium* (Schleimköpfe), *Sericeocybe* (Dickfüße), *Telamonia* (Gürtelfüße und Wasserköpfe). ▶

2

3

4

5

6

7

8

9

10

11

12

13

14

15

Die Cortina des Dickfleischigen Schleimkopfs *(Cortinarius pseudocrassus)* ist so flüchtig, dass sie schon beim jungen Pilz manchmal kaum erkennbar ist **(Abb. 1)**. Junge Exemplare des Amethystblättrigen Klumpfußes *(C. haasii)* haben lila Lamellen. Essen sollte man den Pilz nicht, da es auch einige giftige gelbe Schleierlinge gibt **(Abb. 2)**. Beim Rotgebänderten Gürtelfuß *(C. armillatus)* ist der Stiel mit Velumresten gebändert **(Abb. 3)**. Der Olivton im Hut des Olivbraunen Raukopfs *(C. cotoneus)* ist meist stärker ausgeprägt als auf dem Foto **(Abb. 4)**. Der Violette Schleierling *(C. hercynicus)* – hier die Nadelwaldform – wird manchmal gegessen **(Abb. 5)**. Der Rostbraune Dickfuß *(C. caninus)* wächst vor allem in Nadelwäldern auf Kalkböden **(Abb. 6, 13)**. Die Schleiereule *(C. praestans)* gehört zu den wenigen anerkannten Speisepilzen der Gattung **(Abb. 7)**. Der Gelbflockige Schleimkopf *(C. nanceiensis)* wurde nach der französischen Stadt Nancy benannt **(Abb. 8)**. Der Langstielige Schleimfuß *(C. elatior)* hat einen grob längsrunzeligen Hut **(Abb. 9)**. Ein hübscher, sehr schleimiger Pilz mit ausgeprägt blauvioletten Farben ist der Blaue Schleimfuß *(C. salor)* **(Abb. 10)**. Der Erdigriechende Schleimkopf *(C. variecolor)* macht seinem lateinischen Artnamen („verschiedenfabig") alle Ehre **(Abb. 11)**. Bunt wie eine Blume: Der Schwarzgrüne Klumpfuß *(C. atrovirens)* hat lebhaft gelbe Lamellen und einen satt olivgrünen Hut **(Abb. 12)**. Der Purpurfleckende Klumpfuß *(C. purpurascens)* wird oft mit dem Violetten Rötelritterling (s. S. 21) verwechselt **(Abb. 14)**. Der Bocks-Dickfuß *(C. camphoratus)* riecht unangenehm nach verbranntem Fleisch oder Ziegenbock **(Abb. 15)**.

SCHLEIERLINGE (II)

1

▶Um eine gewisse Ordnung in die artenreiche Gattung *Cortinarius* zu bekommen, hat man sie in viele Untergattungen, Sektionen und Untersektionen aufgeteilt. Die Untergattung *Myxacium* (Schleimfüße) umfasst Arten, die mit einer dicken Schleimschicht überzogen sind. In der Untergattung *Phlegmacium* (Schleimköpfe) sind nur die Hüte schleimig. Eine dicke, oft deutlich abgesetzte Stielknolle kennzeichnet die Untergattung *Bulbopodium* (Klumpfüße). Für *Sericeocybe* (Dickfüße) ist die seidig-glimmerige bis feinschuppige Huthaut typisch, für *Telamonia* (Gürtelfüße und Wasserköpfe) die hygrophane, d. h. je nach Feuchtigkeitsgehalt dunkle oder helle Huthaut. Überwiegend kleine bis mittelgroße, oft auffallend rote oder grüne Arten mit seidig-glattem, wolligem oder feinsamtigem Hut, von denen die meisten giftig sind, bilden die Untergattung *Dermocybe* (Hautköpfe), die lange auch als eigenständige Gattung angesehen wurde; trockenhütige, filzig-schuppige Schleierlinge die Untergattung *Leprocybe* (Rauköpfe). Bei der Artbestimmung arbeitet man mit sogenannten Bestimmungsschlüsseln, bei denen man sich im Ausschlussverfahren den entsprechenden Arten oder Artengruppen nähert. Aufmerksamkeit, Geduld und Ausdauer sind unentbehrliche Helfer – und finden muss man die Pilze auch noch!

2

3

4

5

6

7

8

9

10

11

12

13

14

15

Die Cortina des Purpurfleckenden Klumpfußes *(Cortinarius purpurascens)*, die beim jungen Pilz die Lamellen schützt, ist gut zu erkennen **(Abb.1)**. Der Stiel des Gelbgestiefelten Schleimkopfs *(C. triumphans)* ist mit bräunlichen Velumgürteln geschmückt **(Abb. 2)**. Der Sparrige Raukopf *(C. humicola)* wird oft für einen Schüppling (s. S. 42f.) gehalten. Stiel und Hut sind schuppig **(Abb. 3)**. Grüngelbe Töne kennzeichnen den Grünen Raukopf *(C. venetus)* **(Abb. 4)**. Beim Wohlriechenden Gürtelfuß *(C. torvus)* ist der Stiel zumindest undeutlich beringt **(Abb. 5)**. Der reife Fruchtkörper des Weißvioletten Dickfußes *(C. alboviolaceus)* hat eine von den Sporen rostbraun gefärbte Ringzone am Stiel **(Abb. 6)**. Beim Mehligriechenden Dickfuß *(C. dionysae)* ist die Ringzone fast verschwunden **(Abb. 7)**. Schmal und zierlich ist der Stiel des Bereiften Schleimfußes *(C. causticus)* **(Abb. 8)**. Der Violettrote Klumpfuß *(C. rufoolivaceus)* hat eine abgesetzte Stielknolle, die unten spitz zuläuft und tief im Boden wurzelt **(Abb. 9)**. Auch die Knolle des Prächtigen Klumpfußes *(C. elegantissimus)* ist deutlich gerandet **(Abb. 12)**. Beim Ockerfuchsigen Klumpfuß *(C. fulvoochrascens)* geht die Knolle randlos in den Stiel über **(Abb. 10)**. Der Eichelbraune Wasserkopf *(C. glandicolor)* ist eine zierliche Schleierlingsart aus der Untergattung *Telamonia* **(Abb. 11)**. Der Name Pelargonien-Wasserkopf *(C. paleaceus)* nimmt Bezug auf den Geruch des Pilzes **(Abb. 13)**. Ein zimtbrauner Hut und rote Lamellen kennzeichnen den Blutblättrigen Hautkopf *(C. semisanguineus)* **(Abb. 14)**. Der verwandte Blut-Hautkopf *(C. sanguineus)* ist gänzlich blutrot gefärbt **(Abb. 15)**. Die beiden letztgenannten Arten gelten als giftig.

FÄLBLINGE UND RISSPILZE

1

Zur Familie der Schleierlingsartigen *(Cortinariaceae)* zählen auch die Fälblinge (Gattung *Hebeloma)* und die Risspilze (Gattung *Inocybe).* Fälblinge haben matte Farben – braun, café au lait, weißlich, creme – und braunes, manchmal auch rötlich getöntes Sporenpulver. Es gibt sowohl ringlose als auch mehr oder weniger deutlich beringte Arten; die Cortina kann üppig oder spärlich sein oder auch vollkommen fehlen. Eine Sonderstellung nimmt der Wurzelnde Fälbling ein. Sein tief in den Boden reichender Stiel wurzelt in den unterirdischen Gängen kleiner Säugetiere wie Maulwürfen und Waldmäusen. Etwa 90 Fälblinge und an die 350 Risspilze sind bekannt. Die letzteren sind überwiegend von schlanker Gestalt, haben oft kegelige, radialfaserige, gestreifte oder schuppige Hüte, beigefarbene, hell-, mittel- oder dunkelbraune Lamellen und oft fein bereifte Stiele. Die Risspilze sind größtenteils giftig, da sie Muskarin enthalten. Einige zeichnen sich auch durch auffallende Gerüche aus – nach vergorenen Birnen, Mehl, Camembert, Bittermandeln etc. Weder unter den Fälblingen noch unter den Risspilzen gibt es gute Speisepilze. Man findet sie vom späten Frühjahr bis in den Spätherbst hinein in Wäldern und Parks. Risspilze haben eine besondere Vorliebe für Straßen- und Wegränder.

2

3

4

5

6

7

8

9

10

12

13

11

14

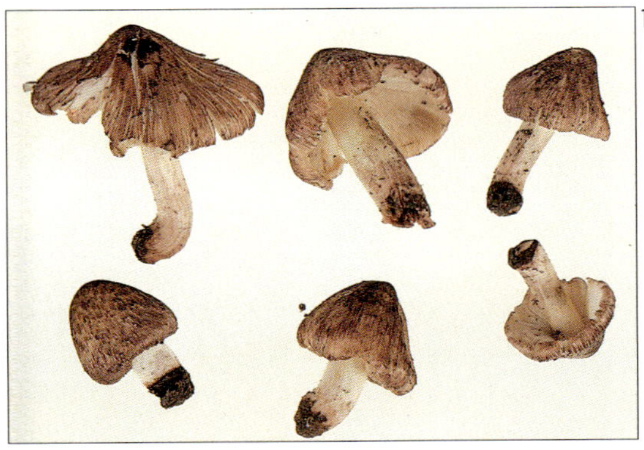
15

16

Der Geruch des Grünscheiteligen Risspilzes *(Inocybe corydalina)* erinnert an Lerchensporn; der Hutbuckel ist grünlich **(Abb. 1)**. Dem Duftenden Risspilz *(I. bongardii)* entströmt ein süßlicher Geruch, der an den aus dem Harz des hinterindischen Benzoebaums gewonnenen Balsam erinnert **(Abb. 3)**. Der Weißrosa Risspilz *(I. pudica)* rötet leicht und wächst an feuchten Standorten **(Abb. 4)**. Der häufige Seidige Risspilz *(I. geophylla)* **(Abb. 5)**, von dem es auch eine lila Varietät gibt *(var. lilacina)* **(Abb. 10)**. Der Wollige Risspilz *(I. lanuginosa)* **(Abb. 8)** ist schuppig und hat eckige Sporen; beim ebenfalls schuppigen Hirschbraunen Risspilz *(I. cervicolor)* sind die Sporen glatt **(Abb. 9)**. Der Birnen-Risspilz *(I. fraudans)* riecht nach überreifen Birnen **(Abb. 13)**. Der Name Risspilz geht auf den oft einreißenden Hut zurück. Viele Arten sind schwer bestimmbar **(Abb. 14)**. Der Weinrote Risspilz *(I. jurana)* färbt im Alter weinrot **(Abb. 15)**. Der Große Rettichfälbling *(Hebeloma sinapizans)* weist rotbraune Töne auf und riecht stark nach Rettich **(Abb. 2)**. Die Stielbasis des nach Bittermandeln duftenden Wurzelnden Fälblings *(H. radicosum)* reicht oft 20 cm tief in den Boden und endet in Mäusegängen. Oft bricht der Stiel beim Pflücken ab, sodass ein gutes Merkmal verloren geht **(Abb. 6, 12)**. In Scharen wächst der Dunkelscheibige Fälbling *(H. mesophaeum)* auf der Nadelstreu **(Abb. 7)**. Der Winterfälbling *(H. hiemale)* ist südlich der Alpen häufiger als im Norden **(Abb. 11)**. Die Lamellen des Tongrauen Fälblings *(H. crustuliniforme)* sind mit Tröpfchen besetzt, die beim Eintrocknen dunkle Flecken hinterlassen **(Abb. 16)**.

1

BOVISTE, STÄUBLINGE UND ERDSTERNE

Zur Unterklasse der Bauchpilze *(Gasteromycetes)* zählen Pilze, bei denen sich die Sporen im Fruchtkörperinnern entwickeln. Die fertile Masse wird Gleba genannt. Die Sporen werden durch die vollständige oder partielle Öffnung des Fruchtkörpers freigesetzt. Kinder treten gerne auf alte Stäublinge oder drücken sie mit der Hand zusammen, weil sie dann angeblich „rauchen". In Wirklichkeit sind es jedoch die Sporen, die bei Druck zu Tausenden aus der scheitelständigen Mündung entweichen. Zur Ordnung der Stäublingsartigen *(Lycoperdales)* gehören Bauchpilze, bei denen die weißliche Gleba anfangs in einer inneren Hülle *(Endoperidie)* eingeschlossen ist. Auch die eigenartigen Erdsterne gehören dazu. Sie besitzen manchmal eine zweite oder dritte Schicht *(Exoperidie)*, die sich bei Feuchtigkeit sternförmig öffnet und bei einigen Arten beim Trocknen wieder schließt. Als Speisepilzen kommt den Bauchpilzen, von wenigen Arten abgesehen, kaum Bedeutung zu; es gibt allerdings – außer den Kartoffelbovisten (s. S. 121) – auch keine Giftpilze unter ihnen. Viele Bauchpilze sind aufgrund ihrer merkwürdigen Gestalt ausgesprochene Kuriositäten. Sie wachsen auf dem Erdboden, an Holz, in der Nadel- und Laubstreu, in Gebüschen und auf Wiesen.

2

3

4

5

6

7

8

9

10

11

12

13

14

15

16

Der Beutel-Großstäubling *(Calvatia excipuliformis)* kommt in Wäldern und in offenem Gelände vor **(Abb. 1)**. Beim Getäfelten Großstäubling *(C. utriformis)* ist die Oberfläche gefeldert **(Abb. 7)**. Beim seltenen Großen Nest-Erdstern *(Geastrum fornicatum)* umschließt die Endoperidie (oben) die Gleba, die Exoperidie ist sternförmig aufgerissen **(Abb. 2)**. Noch unreife, außen wie innen weiße Flaschenstäublinge *(Lycoperdon perlatum)* können gegessen werden **(Abb. 3)**. Flaschenstäublinge in verschiedenen Altersstufen **(Abb. 13)**. Eine Sporenwolke über zwei reifen Flaschenstäublingen **(Abb. 14)**. Igelstäublinge *(L. echinaceum)*: alte Fruchtkörper mit im oberen Teil abgefallenen Stacheln **(Abb. 4, 5)**. Igelstäublinge wachsen vor allem in Buchenwäldern auf besseren Böden **(Abb. 12)**. Der Weiche Stäubling *(L. molle)* **(Abb. 6)** erinnert an den Birnenstäubling *(L. piriforme)* **(Abb. 11)**, wächst im Gegensatz zu diesem jedoch nicht an Holz. Hier sind auf dem Holz die weißen Myzelstränge des Birnenstäublings sichtbar **(Abb. 16)**. Auf Wiesen findet man den Wiesen-Staubbecher *(Vascellum pratense)* **(Abb. 10)**. Einer der größten Pilze ist der Riesenbovist *(Langermannia gigantea)*. Es sind Exemplare mit 50 cm Durchmesser und 25 kg Gewicht gefunden worden **(Abb. 9)**. Der Gewimperte Erdstern *(Geastrum fimbriatum)* wächst auf Nadelstreu und ist der häufigste Erdstern in Mitteleuropa **(Abb. 8, 15)**.

1

LEISTLINGE: PFIFFERLINGE UND TROMPETEN

Die Leistlinge haben keine Lamellen auf der Hutunterseite, sondern Runzeln oder Leisten; seltener ist das Hymenium auch glatt. Ihr Vorteil für den Sammler liegt darin, dass sie gut haltbar sind und nur selten von Insektenlarven befallen werden. Im Umriss meist typisch kreiselförmig und oft mehr oder weniger trichterartig vertieft, sind sie leicht erkennbar und erfreuen sich dort, wo sie vorkommen, großer Beliebtheit. Unter den etwa fünfzehn europäischen Arten befindet sich keine giftige, und drei von ihnen gehören sogar zu den besten Speisepilzen, die wir kennen: der Pfifferling und seine Varietäten, der Trompetenpfifferling und die Totentrompete. Wegen ihres festen, faserig-zähen Fleisches sind sie allerdings schwer verdaulich. Der Pfifferling wird seit einigen Jahren immer seltener. Die Ursachen dafür liegen in der Luftverschmutzung (saurer Regen und Stickstoffeinträge aus der Landwirtschaft), der Zerstörung des Lebensraums und im rigorosen Absammeln auch kleiner und kleinster Fruchtkörper, sodass nur noch wenige Exemplare die Sporenreife erreichen. Pilze sind lange ausschließlich aus kulinarischer Sicht betrachtet worden. Inzwischen ist es an der Zeit, auch ihre ökologische Bedeutung zu respektieren.

2

3

4

5

6

7

8

9

10
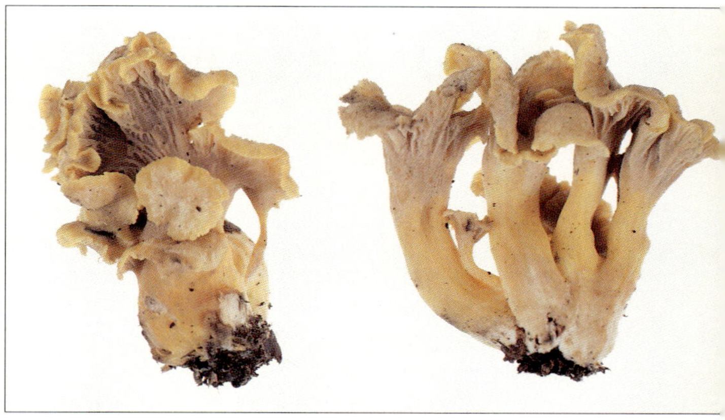

11

12

13

14

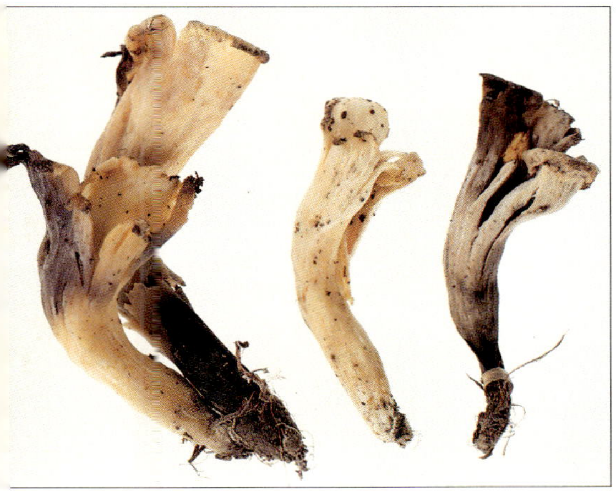
15

16

17

In moosreichen, feuchten Nadelwäldern findet man den Trompetenpfifferling *(Cantharellus tubaeformis)* oft in großen Scharen, sodass sich das Einsammeln dieses ausgezeichneten Speisepilzes lohnt **(Abb. 1, 5)**. Der ebenso gute Pfifferling oder Eierschwamm *(C. cibarius)* wird vielerorts immer seltener. Man sollte nur reife Exemplare pflücken, die ihre Sporen schon ausgestreut haben **(Abb. 14, 16, 17)**. Oft recht dickfleischig ist die var. *amethysteus* des Pfifferlings, die sich durch kleine lila Schüppchen auf dem Hut unterscheidet **(Abb. 2)**. Der Gelbviolette Pfifferling *(C. ianthinoxanthus)* ist eine seltenere Art mit runzeligen, violettlichen Leisten **(Abb. 10)**. Den Starkriechenden Pfifferling *(C. lutescens)* **(Abb. 11)**, von dem es auch eine graue Varietät *(var. grisea)* **(Abb. 4)** gibt, erkennt man am gelben Stiel, am orangefarbenen Hymenium und am starken obstartigen Geruch. Der Samtpfifferling *(C. friesii)* ist eine kleinere Art mit lebhaft orangefarbenem Hut **(Abb. 8)**. Der Graue Leistling *(C. cinereus)* **(Abb. 13)** könnte mit der Totentrompete *(Craterellus cornucopioides)* verwechselt werden, deren Hymenium jedoch keine Leisten aufweist, sondern nur unregelmäßig gerunzelt ist. Die Totentrompete, ein delikater Speisepilz, wächst im Herbst zwischen Moosen und Falllaub im Buchenwald **(Abb. 3, 6, 9, 12)**. Eine kleinere, gelbliche, aus Deutschland bisher nicht bekannte Trompete ist *C. konradii* **(Abb. 15)**. Nicht zu den Leistlingen gehört der Rötende Gabelblättling *(Cantharellula umbonata)*, dessen Gattungsname lediglich auf der äußeren Ähnlichkeit mit der Pfifferlingsverwandtschaft beruht **(Abb. 7)**.

1

WULSTLINGE, STREIFLINGE UND KNOLLENBLÄTTERPILZE

2

Wer die hier vorgestellten essbaren *Amanita*-Arten sammeln möchte, muss mit den tödlich giftigen Knollenblätterpilzen und einigen anderen giftigen Gattungsvertretern vertraut sein (s. S. 6f., 12 f.; auch der auf S. 93 dargestellte Dünen-Knollenblätterpilz gehört dazu). Insgesamt gibt es in Europa zwischen 60 und 70 Wulstlinge und Streiflinge, von denen nur wenige lebensgefährlich giftig sind. Gattungskennzeichen sind die mehr oder weniger deutliche Stielscheide, der beringte Stiel und die weißen Lamellen. Die unberingten Streiflinge sind in der Untergattung *Amanitopsis* zusammengefasst. Typisch sind die sackartige Scheide und der gestreifte Hutrand; die Farbe variiert (weiß, grau, beige, safrangelb, rot- bis dunkelbraun). Streiflinge sind gekocht essbar, aber zerbrechlich und leicht verderblich. Einigen stattlichen, dickfleischigen Arten begegnet man in Europa eher im Süden. Der hier nicht dargestellte Fransige Wulstling mit cremigem Velum ist auch nördlich der Alpen verbreitet. Obwohl essbar, kann er wegen Verwechslungsgefahr nicht empfohlen werden. Nah verwandt sind die Schleimschirmlinge (Gattung *Limacella*, s. S. 23).

3

4

5

6

7

8

9

10

11

12

13

14

15

16

Der Eierwulstling *(Amanita ovoidea)* ist in Europa atlantisch-mediterran verbreitet. Wegen seiner Seltenheit und der Verwechslungsgefahr mit Knollenblätterpilzen (s. S. 6f.) sollte er nicht gesammelt werden. Typisch sind das dicke Fleisch, die dicke Scheide und der an Meeresfrüchte erinnernde Geruch **(Abb. 1, 2)**. Mediterrane Arten sind auch der Kleine Eierwulstling *(A. proxima)* **(Abb. 6)** mit rotbrauner Scheide; die kleinere, grauliche *A. gilbertii,* **(Abb. 7)**; der Strandkiefern-Wulstling *(A. boudieri)* **(Abb. 9)**, der saure Böden vorzieht, und die seltene *A. gracilior* var. *beilleioides*, die auf tonig-kalkigen Böden wächst **(Abb. 13)**. Der tödlich giftige Dünen-Knollenblätterpilz *(A. dunensis)* wurde in den Dünen der Atlantikküste festgestellt. Sein Stiel steckt oft zu zwei Dritteln im Sand **(Abb. 14, 16)**. Der Gelbe Knollenblätterpilz *(A. citrina)* **(Abb. 11)** wurde lange mit dem Grünen Knollenblätterpilz (s. S. 6f.) verwechselt und für sehr giftig gehalten. Es gibt auch eine weiße Form *(var. alba)* **(Abb. 4)** und eine var. *solida* **(Abb. 10)**. Alle Formen riechen nach Kartoffelkeimen. Ringlose Wulstlinge mit gefurchtem Hutrand werden in die Untergattung *Amanitopsis* (Streiflinge) gestellt. Man kennt u. a. den Rotbraunen Streifling *(A. fulva)* **(Abb. 3)**; den Verfärbenden Streifling *(A. battarrae)* **(Abb. 5)**; den Riesenstreifling *(A. ceciliae)* **(Abb. 8)**; den Dickscheidigen Streifling *(A. pachyvolvata)* **(Abb. 12)** und den Safranstreifling *(A. crocea)* **(Abb. 15)**.

BECHERLINGE

1

Vom Frühjahr bis in den Spätherbst hinein, ja sogar in milden Winterphasen erscheinen auf dem Erdboden und alten Feuerstellen, an Totholz, Stängeln oder Blättern scheiben- bis schüsselförmige, oft unregelmäßig verwachsene, gestielte oder ungestielte Pilze von wachsartiger Konsistenz. Becherlinge aus den Ordnungen *Pezizales* und *Leotiales* (vgl. a. S. 58f.) kommen in Wäldern und Gebüschen, auf Wiesen, an Grabenrändern und Wegböschungen, an gedüngten Stellen und sogar direkt auf Kuhfladen und anderem Dung vor. Die eigentümliche Gestalt spiegelt sich oft in den Namen wider: Kelchbecherling, Tulpenbecherling, Eselsohr, Hasenohr... Beide Ordnungen gehören zur Klasse der Schlauchpilze *(Ascomycetes)*. Manche Arten sind essbar – wie die Morcheln (s. S. 28f., 34f.) – doch muss man sich auch vor Giftpilzen wie der Frühjahrslorchel (s. S. 10f., S. 35) und dem Kronenbecherling in Acht nehmen. Der Durchmesser der Fruchtkörper schwankt zwischen einigen Zehnteln Millimeter und etwa 20 cm. Das Hymenium überzieht im Normalfall die Becherinnenseite. Rand und Außenseite sind manchmal behaart. Für die genaue Bestimmung ist das Mikroskop oft unerlässlich. Die Sporen vieler Becherlinge sind ornamentiert, und bei manchen verfärben sich die Schläuche oder deren Spitzen unter Einfluss von Jodreagenzien blau.

2

3

4

5

6

7

10

8

9

11

12

13

14

15

16

17

Der Kastanienbraune Becherling *(Peziza badia)* wächst oft in Scharen in Nadelwäldern auf Sandböden **(Abb. 1, 6)**. Auf Mist und Strohresten findet man den Blasenbecherling *(P. vesiculosa)* **(Abb. 3)**. Vom Frühjahr bis in den Herbst wächst an Holzabfällen unter Buchen der Buchenwald-Becherling *(P. arvernensis)* **(Abb. 13)**. Der Kronenbecherling *(Sarcosphaera crassa)* ist roh ein gefährlicher Giftpilz. Er wächst von April bis Juli in Wäldern auf Kalkboden **(Abb. 2)**. Der Aderige Scheibenbecherling *(Disciotis venosa)* kommt im Frühjahr an ähnlichen Standorten wie die Morcheln (s. S. 28f., 34f.) vor und kann gegessen werden **(Abb. 4)**. Auf totem Nadelholz gedeiht im Frühjahr die Scheibenlorchel *(Discina perlata)* **(Abb. 5)**. Der Rundsporige Kohlenbecherling *(Plicaria endocarpoides)* **(Abb. 7)** und der Kohlen-Kelchpilz *(Geopyxis carbonaria)* **(Abb. 11)** sind nur zwei von vielen Becherlingen auf alten Feuerstellen. – Im Winter und Vorfrühling wächst der Scharlachrote Kelchbecherling *(Sarcoscypha coccinea s. l.)* auf toten Laubholzästen **(Abb. 8)**. Das Eselsohr *(Otidea onotica)* hat einseitig gespaltene, lebhaft ockergelbe Fruchtkörper **(Abb. 9)**. Der Edelkastanien-Stromabecherling *(Rutstroemia echinophila)* wächst an abgefallenen Esskastanien-Fruchtschalen **(Abb. 10)**. Kleine weiße Wollbecherlinge *(Lachnum sp.)* auf morschem Holz; der Becherrand ist fein behaart. Ohne Lupe sind diese Pilzchen kaum erkennbar **(Abb. 12)**. Unter Zedern in Süd- und Südwesteuropa wächst im Frühjahr der Zedern-Sandborstling *(Sepultaria sumneriana)* **(Abb. 14)**. Der Kleinsporige Grünspanbecherling *(Chlorociboria aeruginascens)* gedeiht auf feuchtem, totem Laubholz **(Abb. 16)**. Häufiger ist das vom Myzel des Kleinsporigen Grünspanbecherlings blaugrün gefärbte Holz zu finden **(Abb. 15)**. Das Schwefelgelbe Reisigbecherchen *(Bisporella sulfurina)* fällt durch seine lebhaft gelbe Farbe auf **(Abb. 17)**.

RUTEN- UND BLUMENPILZE UND NESTLINGE

1

Junge Ruten- und Blumenpilze *(Phallales)* sind von einer dicken Peridie umschlossen, die bei der Reife aufreißt und die fortan wie eine Scheide die Basis umgibt (im Volksmund heißen runde, noch geschlossene Stinkmorcheln „Hexeneier"). Die Sporen befinden sich in einer schleimigen Masse (Gleba) an der Spitze des rutenförmigen Fruchtkörpers oder auf der Innenseite der Arme. Der Gestank lockt Insekten an, die die Gleba fressen und so für die Verbreitung der Sporen sorgen. Die größte Arten- und Formenvielfalt der Ruten- und Blumenpilze bieten die Tropen. Der aus Australien oder Neuseeland stammende Tintenfischpilz wurde nach dem Ersten Weltkrieg in den Vogesen entdeckt. Man glaubt, dass die Sporen mit Kavalleriepferden oder in Wollimporten eingeschleppt wurden. Heute ist er in weiten Teilen Europas verbreitet. Die Nestlinge *(Nidulariales)* sind kleine, napfförmige Bauchpilze mit linsen- bis eiförmigen Sporenkapseln (Peridiolen). Der deutsche Name „Teuerlinge" rührt daher, dass aus der Zahl der Peridiolen früher auf kommende Teuerungen geschlossen wurde.

2

3

4

5

6

7

8

9

10

11

12

13

14

Ein hauchdünnes Netz unter dem Hut kennzeichnet die in Europa sehr seltene, in den Tropen aber weit verbreitete Schleierdame *(Phallus duplicatus)* **(Abb. 1).** Stinkmorchel *(P. impudicus):* Die Hexeneier können mit Stäublingen (s. S. 88f.) verwechselt werden **(Abb. 2)**. Ein Längsschnitt zeigt die im Innern angelegte Gleba und beseitigt jeden Zweifel. Kurz nach dem „Ausschlüpfen" aus dem Hexenei ist die Gleba noch glatt **(Abb. 3)**. Voll entwickelte Stinkmorchel auf porösem Stiel; in diesem Stadium ist der Gestank auf weite Strecken wahrzunehmen **(Abb. 5)**; Fliegen laben sich an den Resten der Gleba, darunter kommt der wabenförmige „Hut" zum Vorschein **(Abb. 4)**. Mit den echten Morcheln (s. S. 28f., 34f.) hat die Stinkmorchel nichts zu tun. – Bei der kleineren Hundsrute *(Mutinus caninus)* ist die Spitze unter der Gleba orange **(Abb. 7, 11)**. Der Rote Gitterling *(Clathrus ruber)* ist mediterran-atlantisch verbreitet **(Abb. 8)**. Tintenfischpilz *(C. archeri):* ein im Falllaub gut getarntes Hexenei **(Abb. 10)**; das Hexenei reißt auf, die Arme sind bereits zu erkennen **(Abb. 12)**; die mit der dunklen, stinkenden Gleba gefleckten Arme schieben sich empor **(Abb. 13)** und breiten sich sternförmig aus **(Abb. 14)**. Der Gestriegelte Teuerling *(Cyathus striatus)* ist ein kaum 1 cm breiter, außen braunfilziger Pilz an totem Holz. Im Innern sieht man die linsenförmigen Peridiolen **(Abb. 6)**. Auch der außen glatte Tiegelteuerling *(Crucibulum laeve)* gehört zu den Nestlingen **(Abb. 9)**.

SCHLEIMPILZE

1

In alten Klassifikationen werden die Schleimpilze *(Myxomycetes)* mal dem Pflanzen- und mal dem Tierreich zugeordnet. Tatsache ist, dass die Schleimpilze von den bisher in diesem Buch vorgestellten Schlauch- und Ständerpilzen *(Ascomycetes, Basidiomycetes)* deutlich geschieden sind. Sie werden zwar durch Sporen verbreitet, entwickeln aber kein Myzel und bestehen nicht aus Hyphen. In einer ersten Stufe des Lebenszyklus, der sie in die Nähe des Tierreichs stellt, entwickelt sich eine schleimartige vegetative Phase *(Plasmodium),* in der sie imstande sind, sich fortzubewegen. Dies lässt sich im Laufe einiger Stunden gut beobachten. Die Plasmodien nehmen während dieser Phase Bakterien, Schimmelpilze und andere Pilze auf und verdauen sie. Nach einer neuerlichen Veränderung in Form und Farbe folgt das pflanzenähnliche Vermehrungsstadium mit der Sporenbildung. Einige Schleimpilze sind mit bloßem Auge sichtbar, doch die meisten erkennt man nur mit Hilfe einer guten Lupe. Sie entwickeln sich in feuchtem Milieu und sind oft in ihrer schleimigen Entwicklungsphase zu finden. Wer sie nicht bewusst sucht, stößt meist nur zufällig auf sie. Man findet sie das ganze Jahr über auf wasserdurchtränktem Falllaub, auf morschen Stümpfen und anderen Holzresten. Manche Arten gedeihen besonders üppig auf Zweigen und anderen pflanzlichen Abfällen nach der Schneeschmelze im Gebirge. Für den Speisepilzsammler ohne Bedeutung, sind sie jedoch ökologisch und biologisch hochinteressant. In ihrer Farben- und Formenvielfalt und mit ihrer eigenartigen Fähigkeit zur Fortbewegung sind sie ein faszinierendes Naturwunder.

2

3

4

5

6

7

8

9

10

11

12

13

14

15

Der Blut-Milchpilz *(Lycogala epidendron),* einer der wenigen Schleimpilze mit einem deutschen Namen, ist jung weich und rosa **(Abb. 1)**; reif wird er bleigrau bis braun und platzt unregelmäßig auf **(Abb. 3, 5)**. *Tubifera ferruginosa* wächst wie die meisten Schleimpilze in feuchter Umgebung **(Abb. 2)**. Der auf S. 98 beschriebene Lebenszyklus gilt in besonderem Maße für die Gattungen *Physarum* **(Abb. 4)** und *Trichia* **(Abb. 8)**. Die Gelbe Lohblüte *(Fuligo septica)* bildet leuchtend gelbe Polster **(Abb. 7)**, deren Inhalt bei der Reife zu schwarzem Sporenpulver wird **(Abb. 14, 15)**. Die Moos-Lohblüte *(F. muscorum)* ist offenbar an Moose gebunden **(Abb. 13)**. Das Löwenfrüchtchen *(Leocarpus fragilis)* auf einem abgefallenen Zweig **(Abb. 6)**. *Trichia scabra:* Die Art „wandert" als formwechselnder Schleim über das Substrat und erstarrt schließlich unter Farbwechsel von Hellgelb zu Orange **(Abb. 8, 9, 12)**. Silbergrau bis bläulich ist *Physarum cinereum* **(Abb. 10)**. Die Arten der Gattung *Badhamia* wie *Badhamia foliicola* **(Abb. 11)** besitzen ein inneres Kalkskelett *(Capillitium)*.

PILZZUCHT

DER CHAMPIGNONANBAU

1

2

Jean de La Quintinie, Agronom und Gärtner im Dienste Ludwigs XIV., war einer der Pioniere des Champignonanbaus. Die Versuche wurden in aufgelassenen Steinbrüchen in der Nähe von Paris – daher resultiert der noch heute in Frankreich gebräuchliche Name Champignon de Paris. Frankreich ist z. Zt. der viertgrößte Produzent von Zuchtchampignons in der Welt, wobei sich die meisten Betriebe im Loiretal konzentrieren.
Voraussetzung für die traditionelle Champignonzucht sind die Pilzbrut, das Nährsubstrat, dessen Aufbereitung sowie ein Kulturmilieu, das bestimmte klimatische Bedingungen erfüllt. Die Brut wird unter sterilen Laborbedingungen hergestellt. Ausgewähltes Myzel wird auf später leicht verstreubaren Getreidekörnern zum Wachsen gebracht. Das Nährsubstrat besteht aus pasteurisiertem Kompost, der sich zumeist aus mit Pferde- oder Geflügeldung angereichertem Weizenstroh zusammensetzt. Die Zusammensetzung variiert, ist aber heute weitgehend standardisiert. Brut und Nährsubstrat werden gut miteinander vermischt (man spricht vom „Spicken" oder „Beimpfen" des Substrats), in flache Kisten ausgebracht und nach der Durchwachsungsphase mit desinfizierter Deckerde bedeckt, der mitunter Torfanteile oder Kalk beigemischt sind. Die Bedeckung dient u. a. der Bewahrung der Feuchtigkeit. Die fertigen Kisten werden in Kellern oder ehemaligen Bergwerksstollen gestapelt. Eine Lufttemperatur von 12–14 °C und eine Luftfeuchtigkeit von 90 % bei entsprechender Belüftung sind für die Fruchtkörperbildung besonders günstig. Sie erfolgt in Schüben über einen Zeitraum von etwa zwei Monaten hinweg. Bis zur Erschöpfung des Substrats sind an die fünf Ernten möglich, manchmal sogar mehr. Die erfolgreiche Champignonkultur ist nicht einfach und erfordert große Erfahrung. Man muss die natürliche Entwicklung der Einzelfaktoren respektieren und darauf achten, dass die Kultur nicht von Krankheiten oder Schädlingen befallen wird.

3

4

5

6

7

8

9

10

11

12

13

14

15

Von Myzel umsponnenes Getreidekorn **(Abb. 1)**. Die Herstellung des Nährsubstrats **(Abb. 2)**. Der Konditionierungsprozess: Kontinuierlich wird der Kompost umgesetzt **(Abb. 3)**, mit großen Gabeln aufgelockert und gelüftet, dann über ein Förderband zur „Beimpfung" transportiert und mit den präparierten Getreidekörnern gespickt **(Abb. 4)**. Die Anbaukisten werden durch Abflammen desinfiziert und von einem starken Wasserstrahl gekühlt **(Abb. 5, 6)**. Die mit Plastikfolie ausgelegten Kisten werden mit beimpftem Kompost gefüllt **(Abb. 7)**, abtransportiert und gelagert **(Abb. 8)**. Nach einer Ruhephase wird die Oberfläche noch einmal beimpft **(Abb. 9, 10)**. Sofort nachdem gleichmäßig über den gesamten Kompost Deckerde verteilt worden ist **(Abb. 11, 12)**, werden die Kisten in „Champignonkeller" verbracht. Nach einiger Zeit erscheint der erste „Schub" **(Abb. 13)**. Der Anbau in Säcken ist eine traditionelle Methode, die auch heute noch Anwendung findet **(Abb. 14)**. Der Kulturchampignon, von dem es weiße, cremefarbene und braune Formen gibt, wird roh wie gekocht gegessen und erfreut sich in der ganzen Welt großer Beliebtheit **(Abb. 15)**.

Vorausgehende Doppelseite:
Großes Bild: Kulturchampignons
Kleines Bild (oben): Die äußere Hülle der Périgordtrüffel
Kleines Bild (unten): Gelbhütiger Seitling *(Pleurotus citrinopileatus)*

TRÜFFELKULTUREN

1

Obwohl schon seit der Antike bekannt, wurde die Trüffel erst Anfang des 18. Jahrhunderts als Pilz identifiziert. Das Geheimnis ihrer Existenz ist sagenumwoben. Tausend besondere Eigenschaften werden ihr angedichtet, darunter immer wieder auch aphrodisierende!

Die Périgordtrüffel oder Schwarze Trüffel ist wegen ihres spezifischen Aromas und ihrer gastronomischen Qualitäten die bekannteste Trüffelart.

Im Frühjahr entwickeln sich die Mykorrhizen, d. h. die Symbiose von Pilzmyzel und den Feinwurzeln der Bäume. Danach breitet sich das Myzel, das auch aus Sporenkeimung entstehen kann, im Boden aus. Im Mai bilden sich erste Fruchtkörperanlagen, die dann im Sommer und Herbst heranreifen. Die Zeit der Trüffelernte ist der Winter.

Die natürlichen Standorte der Trüffel werden in Frankreich „truffières naturelles" genannt. Man erkennt sie meist an dem von den Pilzen „verbrannten" Boden im Umkreis um den jeweiligen Baumpartner. Die übrige Vegetation ist dort verkümmert oder fehlt völlig, als sei ein Feuer über sie hinweggegangen. Mykologisches Fachwissen, genaue Beobachtung sowie bodenkundliche und klimatische Analysen haben es der Wissenschaft im Laufe der Zeit ermöglicht, künstliche „truffières" anzulegen.

So entstand die Trüffelkultur, die heutzutage recht gut beherrscht wird. Wer auf einem Hektar Land etwa 500 mit Trüffelmykorrhiza beimpfte Jungbäume pflanzt, kann nach etwa fünf bis sieben Jahren auf einen Jahresertrag von ca. 10 kg hoffen, der sich sukzessive auf bis zu 50 kg erhöht. Der Erfolg setzt allerdings eine aufmerksame Betreuung der Kultur voraus. Die Bäume müssen beschnitten, der Boden will gepflegt werden, die Bewässerung muss stimmen, und es sind genau dosierte Zugaben an Nährstoffen und Pflanzenschutzmitteln erforderlich.

Trüffeln wachsen nur selten an der Erdoberfläche oder knapp darunter. In den meisten Fällen gedeihen sie in einer Tiefe von etwa 15–20 cm und sind daher schwer zu finden. Die besten Helfer bei der Suche sind:

Die Trüffelfliege *(Suilla gigantea)*: Sie wird vom Duft der Trüffel angelockt, die Nahrung für ihre Larven verheißt, und lässt sich an entsprechenden Stellen nieder. Der Trüffelsucher muss die Fliege genau beobachten.

Ein Trüffelschwein oder ein Trüffelhund: Diese Methode ist die sicherste. Sie appelliert an den Geruchssinn der Tiere. Schon von jung auf werden sie an das Trüffelaroma gewöhnt. Die Suche scheint ihnen richtig Spaß zu machen.

Die Périgordtrüffel wird in Teilen Südfrankreichs kultiviert, namentlich im Périgord und im Südosten, aber auch rund um das Zentralmassiv. Sogar im Osten des Landes ist der Anbau wegen der z. T. sehr günstigen Böden möglich.

2

3

4

5

6

7

8

9

10

11

12

13

Die Périgordtrüffel *(Tuber melanosporum)* wächst unterirdisch und zählt zur Klasse der *Ascomyceten.* Der rundliche, haselnuss- bis faustgroße Pilz ist außen schwarz und rauwarzig **(Abb. 1)**. Der Querschnitt zeigt die schwarze, weiß geaderte Gleba **(Abb. 6)**. Ein Trüffelstandort („truffière naturelle"), erkennbar am „verbrannten" Boden rund um zwei Haselsträucher **(Abb. 2)**. Künstliche Trüffelkultur in Sainte-Foy-de-Longas (Dordogne). Eichen und Haseln sind die wichtigsten Symbiosepartner. Der Trüffelzüchter Hugues Martin und sein Hund auf dem Weg zur „Ernte" **(Abb. 3)**. Unter dem aufmerksamen Blick des Herrchens geht Mickey an die Arbeit **(Abb. 4)** – und wird fündig **(Abb. 5)**. Hugues Martin greift ein **(Abb. 7, 8)**, legt die Pilze fachmännisch frei **(Abb. 9)** und prüft das Äußere und den Geruch **(Abb. 10)**. Die Ausbeute? Nicht schlecht. Ob wir morgen noch mehr Glück haben **(Abb. 11)**? Auch die Wintertrüffel *(Tuber brumale)* **(Abb. 12)** und die Sommertrüffel *(T. aestivum)* **(Abb. 13)** sind sehr begehrt und kommen vereinzelt auch in Süddeutschland vor. Allerdings sind Trüffeln in Deutschland streng geschützt.

ANDERE KULTURPILZE

1

Seit einigen Jahren gibt es auf den Lebensmittelmärkten verschiedene neue Zuchtpilze. Wir finden sie frisch in den Auslagen der Gemüsehändler, aber auch bereits industriell aufbereitet, sei es getrocknet oder gekocht. Der Shiitake wird in Asien schon seit dem 14. Jahrhundert angebaut, der Südliche Schüppling im Mittelmeerraum seit der Römerzeit. Im wesentlichen sind aber die heute angebotenen Zuchtpilze – insgesamt schon fast 60 Arten – das Ergebnis moderner Forschungen. Da sich der Anbau vieler Arten wirtschaftlich noch nicht rentiert, ist das Angebot für die Feinschmecker noch relativ klein. Neben dem bereits erwähnten Shiitake werden vor allem der Austernseitling (samt einigen Verwandten), der Violette Rötelritterling, der Rotbraune Riesenträuschling (oft unter dem Namen „Braunkappe"), der Südliche Schüppling und das Judasohr angeboten. Man sollte nicht zögern, sie einmal auszuprobieren.

2

4

3

5

6

7

8

9

10

11

12

13

14

Der Shiitake *(Lentinus edodes)* wird traditionell auf Holzscheiten gezüchtet, doch ist heute auch die Kultur in Säcken oder auf Ballen üblich. Der Pilz ist Bestandteil der asiatischen Küche und soll sogar heilkräftige Wirkungen haben. Die robusten Fruchtkörper eignen sich auch gut zum Trocknen **(Abb. 1, 2, 3)**. Der Austernseitling *(Pleurotus ostreatus)* fehlt auf kaum einem Markt. Die graublauen Hüte haben den Vorteil, dass sie beim Kochen kaum schrumpfen **(Abb. 4)**. Die fragilen Büschel müssen vorsichtig geerntet werden **(Abb. 11, 12)**. Ebenso schön wie schmackhaft: der Gelbhütige Seitling *(P. citrinopileatus)* **(Abb. 5, 6)**. Dekorativ ist auch der Lachsrote Seitling *(P. salmoneostramineus)* **(Abb. 7)**. Der Löffelförmige Seitling *(P. pulmonarius)* wächst gern auf Gersten- oder Weizenstrohballen. Nach der Beimpfung wird das Substrat in Plastikfolie eingeschlossen, die beim Erscheinen der ersten Pilze entfernt wird. Der Zyklus dauert etwa drei Monate. In verschiedenen „Schüben" lassen sich mehrere Kilo Pilze pro Ballen ernten **(Abb. 8)**. Eine andere Technik ist die Kultur in Säcken, aus denen die Pilze „herausplatzen" **(Abb. 9)**. Der Violette Rötelritterling *(Lepista nuda)* erinnert kaum noch an die wilde Form. Das Foto zeigt ein merkwürdiges Phänomen: Ein Pilz wächst auf dem Hut eines anderen **(Abb. 10)**. Auch der Südliche Schüppling *(Agrocybe aegerita)* wird oft kultiviert **(Abb. 13, 14)**.

DIE WELT DER PILZE

RARITÄTEN

1

Unbeschreiblich das Glück des Mykologen bei der Entdeckung eines seltenen Pilzes! Jahrelang ist er durch Wald und Feld gestreift, hat in den allen möglichen Biotopen von der Ebene bis ins Gebirge gesucht und geforscht – und plötzlich steht er vor einer großen Rarität. Mit angehaltenem Atem betrachtet er seinen Fund. Er hat schon andere über diesen Pilz sprechen hören und kennt Fotos aus der Fachliteratur, doch dass er ihn selbst einmal finden würde, hätte er nie zu glauben gewagt. Was zählen schon Steinpilze und Pfifferlinge – die gibt es ja überall! Er rührt seine Entdeckung nicht an. Er riecht an ihr, bewundert Form und Farbe, notiert sich die Einzelheiten des Biotops. Ein Foto oder eine Skizze und eine gute Beschreibung halten das Ereignis für die Nachwelt fest. Mit leerem Korb, doch um eine große Erinnerung reicher, kehrt der Mykologe nach Hause zurück.

2

3

4

5

6

7

8

9

10

11

12

13

14

15

Mit den Ulmen wird auch der Laubholz-Rasling *(Lyophyllum ulmarium)* seltener, der oft an Ulmen wächst **(Abb. 1)**. Der Rissige Feuerschwamm *(Phellinus rimosus)* wächst an Pistazien. Nördlich der Alpen ist er sehr selten, wurde aber in den Vogesen entdeckt **(Abb. 2)**. Der Tannen-Schwarzborstling *(Pseudoplectania vogesiaca)* wächst im Frühjahr an Tannenholz **(Abb. 3)**. Der Borstige Wiesenritterling *(Porpoloma spinulosum)* ist laut Roter Liste „vom Aussterben bedroht" **(Abb. 4)**. Der Bauchpilz *Torrendia pulchella* erinnert mit seiner Scheide an die Knollenblätterpilze (s. S. 6f.). Nur wenige Exemplare sind in Europa gefunden worden **(Abb. 5)**. Vom Duftenden Goldporling *(Auriporia aurulenta)* **(Abb. 6)**, der an Totholz wächst, und von der Kartäusertrüffel *(Picoa carthusiana)* sind jeweils nur zwei Funde aus Deutschland bekannt **(Abb. 7)**. Die Wabentramete *(Hexagona nitida)* kommt an Eichen im Mittelmeerraum vor, ist aber selten **(Abb. 8)**. Raritäten wie der Merkwürdige Schuppenwulstling *(Squamanita paradoxa)* sorgen unter Mykologen für große Aufregung **(Abb. 9)**. Ungedüngte Wiesen sind bedroht – und mit ihnen die Pilze dieser Standorte wie der Braungrüne Rötling *(Entoloma incanum)* **(Abb. 10)**. Die sterile Form des häufigen Grünblättrigen Schwefelkopfs (s. S. 16f., 43) ist sehr selten **(Abb. 11)**. Die Olivschnitzlinge *(Ramicola)* umfassen nur wenige Arten, deren Farbe sich kaum von der des Substrats abhebt **(Abb. 12)**. Auf faulenden Täublingen wächst der Stäubende Zwitterling *(Nyctalis parasitica)* **(Abb. 13)**. Der Breitstachelige Schwammporling *(Spongipellis pachyodon)* erinnert an einen Stachelpilz (s. S. 62f.) **(Abb. 14)**. Der Kohlenleistling *(Faerberia carbonaria)* wächst auf alten Brandstellen **(Abb. 15)**.

Vorausgehende Doppelseite:
Großes Bild: Steinpilze *(Boletus edulis)* und Pfifferlinge *(Cantharellus cibarius)*
Kleines Bild: Birkenpilz *(Leccinum scabrum)*

1

VOM SAMMLER ZUM FEINSCHMECKER

„In die Pilze gehen" – das bedeutet: Lange Spaziergänge in der frischen Luft, Wanderungen bei jedem Wetter – und meistens im Wald. Jeder Pilzsammler sollte entsprechend gerüstet sein. Eine gute Karte – etwa die Topographischen Karten 1:25 000 oder 1:50 000 der Landesvermessungsämter – verhindert, dass man sich in unbekannten Wäldern verirrt. Ein gutes Pilzbuch ist unerlässlich. Ob man es allerdings mit ins Gelände nimmt, um schon an Ort und Stelle einen Bestimmungsversuch zu wagen, oder ob man sich erst zu Hause daran setzt, bleibt jedem selbst überlassen. Man darf aber nicht vergessen, dass es kein Pilzbuch gibt, in dem alle Pilze verzeichnet sind. Im Zweifelsfall kann man natürlich auch zur Pilzberatungsstelle gehen. In manchen Ländern – wie in Frankreich – gibt es kein allgemeines Waldbetretungsrecht, was schon des öfteren zu Konflikten mit privaten Waldbesitzern geführt hat. Andere Länder haben aus Pilzschutzgründen das Sammeln durch Ge- und Verbote eingeschränkt, weshalb man zur Vermeidung unliebsamer Überraschungen gut daran tut, sich vor der Pilzpirsch bei Einheimischen nach den geltenden Regeln zu erkundigen. Die Goldene Regel für jeden Sammler lautet unterdessen: Verzehre nur Pilze, die du genau kennst! Es darf nicht den geringsten Zweifel an der Bestimmung geben. Ist diese Grundvoraussetzung erfüllt, kann man die Ausbeute gleich nach dem Sammeln zubereiten und essen oder sie auf verschiedene Weise haltbar machen. Dabei achte man darauf, nur ganz frische, gut gereinigte und gesunde Exemplare zu verwenden. Die älteste Form der Konservierung ist das Trocknen. Sie hat den Vorteil, dass das Pilzaroma erhalten bleibt und dass sich bei manchen Arten während des Trockenvorgangs die in ihnen enthaltenen Gifte verflüchtigen. Zum Trocknen sind die meisten Speisepilze geeignet, insbesondere Morcheln und Totentrompeten. Das Einlegen in Alkohol wird vor allem bei Trüffeln praktiziert. Verbreitet ist auch das Sterilisieren, vor allem bei bereits zubereiteten Pilzen. Ähnlich wie das Einfrieren ermöglicht es eine Konservierung über besonders lange Zeiträume. Weitere Methoden sind das Einlegen in Salz, Essig und tierische oder pflanzliche Fette, doch sind entsprechende Konserven nicht so lange haltbar.

2

3

4

5

6

7

8

9

10

11

12

13

14

15

16

17

Gummistiefel und bequeme, regenfeste Kleidung (während der Jagdsaison besser in lebhaften Farben) sind die klassische Tracht des Pilzsammlers. Ein Spazierstock, mit dem sich Farne, Ranken und Fallaub beiseite schieben lassen, ein Messer und ein großer, flacher Spankorb komplettieren die Ausrüstung **(Abb. 1, 2)**. In Frankreich sind Privatwälder oft gesperrt: „Privatgrundstück. Betreten verboten. Pflücken und Sammeln (von Früchten, Pilzen, Holz) untersagt. Schutz der Natur" **(Abb. 3)**. Manche Gemeinden sehen sich gezwungen, Maßnahmen gegen Raubbau zu ergreifen: „Gemeinde Montbarrey. Pilzesammeln nur für Berechtigte" **(Abb. 4)**. Auch mengenmäßige Beschränkungen gibt es: „Pilzesammeln zum privaten Verbrauch erlaubt. Maximal 2 kg pro Person" **(Abb. 5)**. Der intelligente Sammler nimmt nur ausgereifte Pilze, weil junge Fruchtkörper noch keine Sporen ausstreuen und damit nicht zur Weiterverbreitung der Art beitragen. Unbekannte Pilze dürfen nicht abgeschnitten werden, da die oft tief im Erdreich steckende Stielbasis wichtige Bestimmungsmerkmale aufweisen kann. Damit das Myzel nicht geschädigt wird, dreht man die Pilze behutsam aus dem Boden heraus. Bei der Bestimmung ist es hilfreich, zwei oder drei Exemplare verschiedenen Alters vorliegen zu haben. Außerdem notiere man die Begleitbäume und andere Biotopmerkmale. Im Sammelkorb herrscht Ordnung! Alles, was man findet, wahllos in den Korb zu legen, ist unter Umständen gefährlich. Unbekannte Arten sollten separat verpackt werden **(Abb. 6, 7)**. Pilzbücher sind gute Informationsquellen. Denken Sie aber auch daran, dass es Pilzvereine und Pilzberatungsstellen gibt. Vielleicht lebt ein Experte ganz in Ihrer Nähe. Bei Ausstellungen lernt man auch weniger bekannte Arten kennen **(Abb. 8, 10)**. Helle Austernseitlinge: frisch, getrocknet und im Glas **(Abb. 9)**. Auf Märkten werden Wild- und Zuchtpilze angeboten – z. B. Steinpilze **(Abb. 11)**. Ein Korb voller Parasolpilze **(Abb. 12)**. Morcheln müssen gründlich gereinigt werden **(Abb. 13)**. Ein Steinpilz mit einem Stielumfang von 30 cm **(Abb. 14)**. Elektrische Trockengeräte haben das traditionelle Auffädeln und Trocknen an der Luft verdrängt **(Abb. 15)**. Trompetenpfifferlinge **(Abb. 16)**. Und nun lassen wir es uns schmecken: Morcheln mit Huhn von Danielle Richerataux **(Abb. 17)**.

SCHÄDLINGE UND NÜTZLINGE: DIE PILZE UND DER MENSCH

1

Die Pilze, denen wir in Wald und Flur nachspüren, umfassen nur etwa ein Zehntel aller Arten. Andere Arten sind vor allem für die Wissenschaft interessant, da sie auf die eine oder andere Weise Einfluss auf die verschiedensten menschlichen Aktivitäten nehmen. Sie sind Teil unseres täglichen Lebens und entwickeln dabei eine bemerkenswerte Dynamik. Und sie sind überall – in der Luft, im Wasser, unter der Erde!
Manche Arten nutzen dem Menschen – z. B. die Back- und die Bierhefen, bestimmte Schimmelpilze bei der Käseherstellung und verschiedene Arten, die beim biologischen Abfallrecycling eine Rolle spielen, nicht zu vergessen auch das Penicillin, dessen Entdeckung die Medizin revolutionierte. Schädlich sind dagegen zahlreiche pilzliche Pflanzenkrankheiten (ein Viertel der Weltgetreideernte fällt ihnen zum Opfer), Pilzerkrankungen von Mensch und Tier (Mykosen), bestimmte Allergieerzeuger und Arten, die Baumaterialien angreifen, insbesondere Holz.

2

3

4

5

6

7

8

9

10

11

12

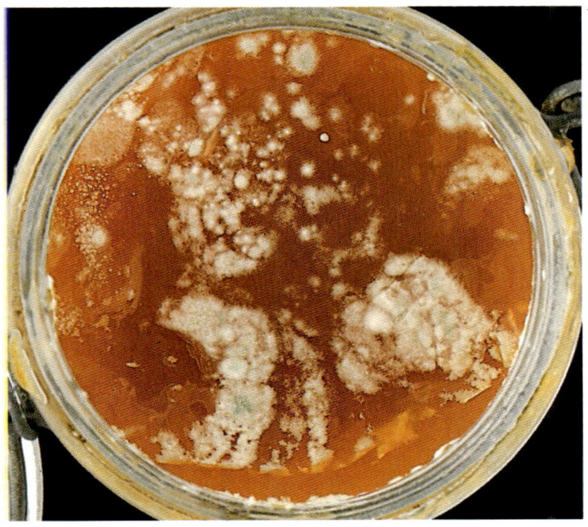
13

Der Grauschimmelpilz *(Botrytis cinerea)* entwickelt sich im Treibhaus oft stärker als im Freien und kann starke Ertragsverluste verursachen **(Abb. 1)**. Diese Graufäule schadet den Rotweintrauben, ist aber bei bestimmten hellen Trauben erwünscht und heißt dann „Edelfäule" **(Abb. 2, 3)**. Die „holländische Ulmenkrankheit" hat seit ihrem erstmaligen Auftreten 1919 praktisch zum Verschwinden der Feldulme geführt. Verantwortlich ist der mikroskopische Pilz *Ceratocystis ulmi,* der nach und nach die Wasserleitgefäße verstopft, den Saftfluss unterbricht und den Baum damit gleichsam verhungern lässt **(Abb. 4, 6)**. Ein auffälliger Maisparasit ist der Maisbeulenbrand *(Ustilago maydis)* **(Abb. 5)**. Zitrusfrüchte werden von der Grünfäule *Penicillium digitatum* befallen. Schlechte hygienische Bedingungen kommen dem Pilz entgegen. Er tritt vor allem an Stellen auf, an denen die Frucht mechanisch beschädigt wurde **(Abb. 7)**. Die Fruchtfäule *Monilia fructigena* nutzt Insektenfraßgänge und äußere Verletzungen, um in die Früchte einzudringen und sie von innen her verfaulen zu lassen **(Abb. 8)**. Die Backhefe *(Saccharomyces cerevisiae)* spielt eine wichtige Rolle beim Brotbacken (und beim Bierbrauen); sie sorgt für die Gärung, die durch die Produktion von Kohlendioxyd das „Aufgehen" des Teigs bewirkt **(Abb. 9)**. Der international renommierte Roquefort-Käse wird aus Schafsmilch hergestellt. Nach der Gerinnung wird der Milch *Penicillium roquefortii* zugeführt. Nach drei Monaten Lagerung bei einer Temperatur von 6 bis 8 °C hat der Schimmelpilz das richtige Stadium erreicht. Die Reifung erfolgt in Felshöhlen in der südwestfranzösischen Stadt Roquefort-sur-Soulzon **(Abb. 10)**. Mehltaue *(Oidium):* Ein befallenes Zucchini-Blatt. Diese Pilze sind eine wahre Landplage. Sie befallen sowohl verschiedene Gemüsesorten als auch Zierpflanzen wie die Rose. Man erkennt sie an einem weißlich-grauen Überzug auf den Blättern **(Abb. 11)**. Der Erreger des Apfelschorfs *(Venturia inaequalis),* hat die Besonderheit, dass er zunächst parasitisch und später saprophytisch wächst **(Abb. 12)**. Auf selbstgemachter Marmelade siedelt sich oft der Schimmel *Aspergillus glaucus* an. Er enthält Giftstoffe, die jedoch so geringfügig sind, dass sie keine Gefahr darstellen. Da es aber auch krebserregende Schimmel gibt, sollte man befallene Lebensmittel nicht mehr verwenden **(Abb. 13)**.

EINIGE FACHAUSDRÜCKE IN WORT UND BILD

1

acidophil: säureliebend, auf sauren Böden wachsend (Abb. 2).

angedrückt: am Hut oder Stiel haftende, nicht abstehende Flocken oder Schüppchen (Abb. 14).

angeheftet: die Lamellen berühren den Stiel nur schmal (Abb. 1).

Ascus: (Schlauch): Mikroskopisch kleine Fortpflanzungszelle der *Ascomyceten* (Schlauchpilze); enthält die Sporen (Abb. 9).

Basidie (Sporenständer): Mikroskopisch kleine Fortpflanzungszelle der *Basidiomyceten* (Ständerpilze); an ihrer Spitze sitzen auf Sterigmen die Sporen (Abb. 12).

Biotop: Lebensraum, der sich aus einer Vielzahl ökologischer Elemente zusammensetzt (Abb. 2, 3, 4, 5, 6, 15).

gegürtelt: gürtelförmig angeordnete Hüllreste, oft am Stielgrund (Abb. 16).

Knolle: Bezeichnung einer abrupt oder allmählich knollig verbreiterten Stielbasis (Abb. 11, 16).

Ring: Rest der Teilhülle *(Velum universale)*, die z. B. bei den Champignons *(Agaricus)*, Wulstlingen *(Amanita)* und Schirmpilzen *(Lepiota)* die jungen Lamellen schützt (Abb. 7, 10) und später als ringförmiges Gebilde am Stiel zurückbleibt.

Schneide: äußerer freier Rand einer Lamelle.

Stacheln: stachelförmiges Hymenium auf der Hutunterseite der Stachelpilze (Abb. 8).

▶

2

3

4

5

6

7

8

9

10

11

12
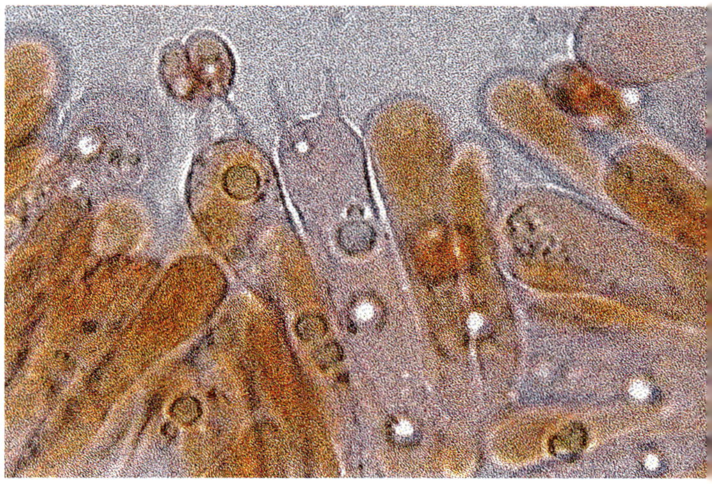

13

14

15

16

Angeheftete Lamelle eines Täublings **(Abb. 1)**. Saurer Boden: ein Heidemoor auf Torf **(Abb. 2)**. Überwachsene Brandstelle auf einem Kahlschlag **(Abb. 3)**. „Biotop Baumstumpf" **(Abb. 4)**. Herbstwald **(Abb. 5)**. Wiese und Waldrand **(Abb. 6)**. Teilhülle eines Champignons; bildet nach dem Aufreißen den Stielring **(Abb. 7)**. Das stachelige Hymenium des Dornigen Stachelbarts *(Creolophus cirrhatus)* **(Abb. 8)**. Kartäusertrüffel *(Picoa carthusiana)*: Ascus mit Sporen **(Abb. 9)**. Ring eines Parasols *(Macrolepiota procera)* **(Abb. 10)**. Stielknolle eines Schleierlings **(Abb. 11)**. Basidien und Sporen eines Wurzelschnitzlings **(Abb. 12)**. Aufsteigender Ring beim Starkriechenden Körnchenschirmling *(Cystoderma carcharias)* **(Abb. 13)**. Angedrückte Hüllreste auf dem Hut eines Grauen Wulstlings *(Amanita spissa)* **(Abb. 14)**. Gebirgslandschaft in den Pyrenäen **(Abb. 15)**. Gegürtelte Knolle eines Fliegenpilzes *(Amanita muscaria)* **(Abb. 16)**.

1

EINIGE FACHAUSDRÜCKE IN WORT UND BILD

▶ **basiphil:** kalkliebend, auf kalkhaltigem Boden wachsend.

Champignon: der französische Ausdruck für „Pilz" wird im Deutschen nur auf die Arten der Gattung *Agaricus* bezogen.

Cortina: „Schleier"; eine spinnwebartige Teilhülle, die bei jungen Schleierlingen (s. S. 82ff.) die Lamellen schützt, später aufreißt und faserige Reste am Stiel hinterlässt (Abb. 4).

herablaufend: die Fruchtschicht (Lamellen, Poren, Leisten usw.) zieht sich am Stiel herab (Abb. 7).

Hut: oberer Teil des Fruchtkörpers und Sitz des *Hymeniums,* also der Fruchtschicht des Pilzes (Abb. 2, 8, 9, 10, 11).

Huthaut: oberster Teil des Huts; Mykologen benützen den Ausdruck „Hutdeckschicht". Die mikroskopische Untersuchung der HDS ergibt oft entscheidende Bestimmungshinweise (Abb. 6).

zerfließend: die Lamellen eines Pilzes zerfließen im Alter (Autolyse). Das Phänomen ist charakteristisch für die Tintlinge (Abb. 12, 13). ▶

2

3

4
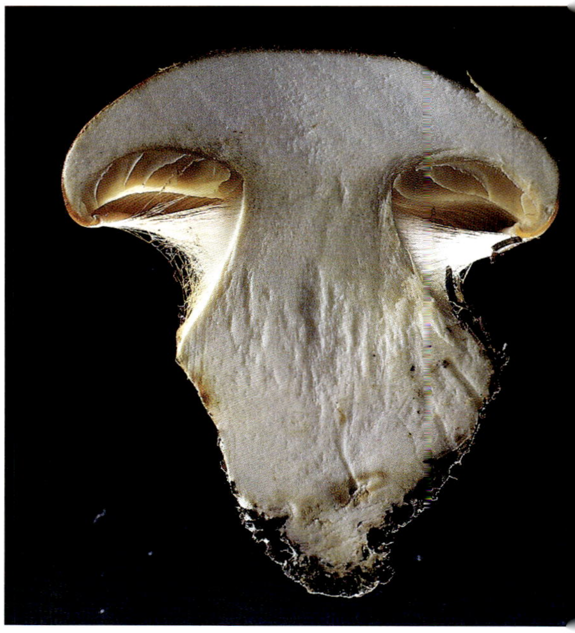

5

6

7

8

9

10

11

12

13

Weißes Myzel und Fruchtkörper des Birnenstäublings **(Abb. 1)**. Walzenförmiger junger Hut des Schopftintlings **(Abb. 2)**. In späteren Entwicklungsstadien verflüssigen sich die Lamellen **(Abb. 12, 13)**. Spinnwebartige Cortina zwischen Hut und Stiel bei einem jungen Schleierling **(Abb. 4)**. Weiße Myzelstränge und Fruchtkörper eines Breitblättrigen Rüblings **(Abb. 5)**. Am Rand abziehbare Huthaut beim Speisetäubling **(Abb. 6)**. Trompetenpfifferling mit herablaufenden Leisten **(Abb. 7)**. Großer Schmierling mit jung konvexem und alt ausgebreitetem Hut **(Abb. 8)**. Kleiner Waldchampignon mit halbkugeligem Hut **(Abb. 9)**. Pfifferling mit trichterförmigem Hut **(Abb. 10)**. Traniger Rötling mit kegelig-glockigem Hut **(Abb. 11)**.

EINIGE FACHAUSDRÜCKE IN WORT UND BILD

1

2

▶ **ausgebuchtet, ausgerandet:** am Stielansatz abrupt verschmälerte und nur mit kleiner Fläche angewachsene Lamelle (Abb. 3).

faserig: von deutlichen, meist radialen Fasern durchzogener Hut, längsfaseriger Stiel oder deutlich faseriges Fleisch.

fibrillös, feinfaserig: wie faserig, aber mit sehr viel feineren Strukturen (Abb. 5).

fimicol: auf Mist oder Dung wachsend (Abb. 7).

Fruchtkörper: der sichtbare, sporenbildende Teil des Pilzes (im Gegensatz zum meist unterirdischen Myzel). Die Entwicklung dreier Parasolfruchtkörper ist auf den Abbildungen 1, 2, 4, 6, 8 dargestellt.

glatt: glatte, weder schuppige noch haarige Oberfläche (Abb. 10).

Gleba: sporenbildende Masse im Innern von Stäublingen, Bovisten und Trüffeln (Abb. 11, 12).

hygrophan: Veränderung der Farbe in Abhängigkeit von der Luftfeuchtigkeit, vor allem Aufhellung dunkler Hüte beim Austrocknen (Abb. 14, 15).

kleiig: mit sehr feinen Körnchen bedeckt, meist abwischbar.

koprophil: s. fimicol.

Scheibe: zentraler Bereich der Hutoberfläche (Abb. 9).

▶

3

5

4

6

7

8

9

10

11

12

13

14

15

Entwicklungsstadien des Parasols *(Macrolepiota procera)*: Hüte erst eiförmig **(Abb. 1)**, dann rundlich; man spricht vom „Paukenschlegelstadium" **(Abb. 2)**, Teilhülle aufreißend, Hüte glockig **(Abb. 4)**, Teilhülle bleibt als Stielring zurück **(Abb. 6)**, Hüte bis auf den Buckel ausgebreitet, Ring am Stiel frei beweglich **(Abb. 8)**. Ausgebuchtete Lamellen bei einem Schleierling **(Abb. 3)**. Feinfaseriger Hut eines Faserlings **(Abb. 5)**. Kurzlebige Tintlinge auf Mist **(Abb. 7)**. Die Scheibe (Hutmitte) des Purpurfilzigen Holzritterlings *(Tricholomopsis rutilans)* ist purpurrot gefärbt **(Abb. 9)**. Täubling mit glatter Huthaut **(Abb. 10)**. Die schwarzviolette Gleba des Kartoffelbovists *(Scleroderma aurantium)* **(Abb. 11)** und die jung helle, marmorierte Gleba des verwandten, mediterranen *S. polyrhizum* **(Abb. 12)**. Kupferroter Schmierling *(Chroogomphus rutilus)* mit schmieriger Huthaut **(Abb. 13)**. Hüte des Stockschwämmchens *(Kuehneromyces mutabilis)* hellen von innen her auf **(Abb. 14, 15)**.

1

EINIGE FACHAUSDRÜCKE IN WORT UND BILD

▶ **frei:** Lamellen sind frei, wenn ihre innere Schmalseite nicht mit dem Stiel verwachsen ist (Abb. 10).

gebuckelt: mit deutlichem Buckel in der Hutmitte (Abb. 9)

Hexenei: Jugendstadium der Blumen- und Rutenpilze (s. S. 96f.); umschließt zunächst den porösen Stiel (Abb. 5).

Hymenium: die sporenerzeugende Fruchtschicht; kann sehr unterschiedlich ausgebildet sein (Poren, Lamellen, Stacheln etc.), (Abb. 1–6).

Lamellen: mehr oder weniger dichtstehende blattartige Strukturen auf der Unterseite der meisten Hutpilze; werden vom Hymenium überzogen (Abb. 8).

lignicol: an lebendem oder totem Holz wachsend (Abb. 11).

Milch: wässrige, weiße, gefärbte oder verfärbende flüssige Absonderung des Pilzfleischs, besonders bei Milchlingen (Abb. 7).

Myzel: vegetativer, oft unterirdischer und daher nicht sichtbarer Teil des Pilzes (Abb. 14, 15).

rillig: Der Stiel ist mit Längsrillen gestreift (Abb. 17).

spröde: bei den Sprödblättlern (Milchlinge und Täublinge) fasert das Stielfleisch nicht auf, sondern bricht wie Apfelfleisch. Die Lamellen splittern, wenn man mit dem Finger darüberstreicht (Abb. 18).

zottig: Hutoberfläche und/oder andere Teile des Fruchtkörpers sind mit dichtem, zottigem Filz bedeckt (Abb. 13).

▶

2

3

4

5

6

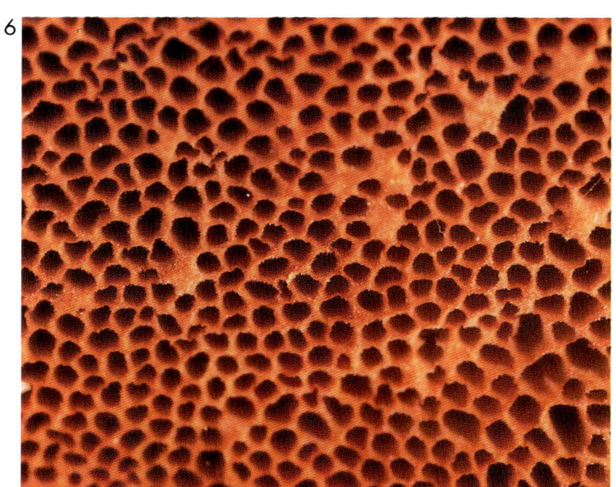

7

8

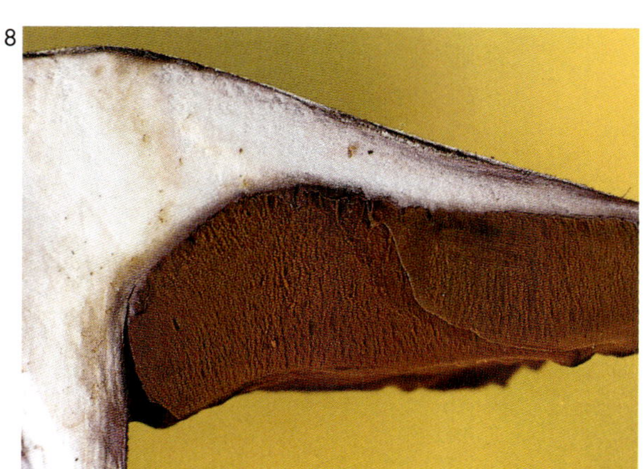

9

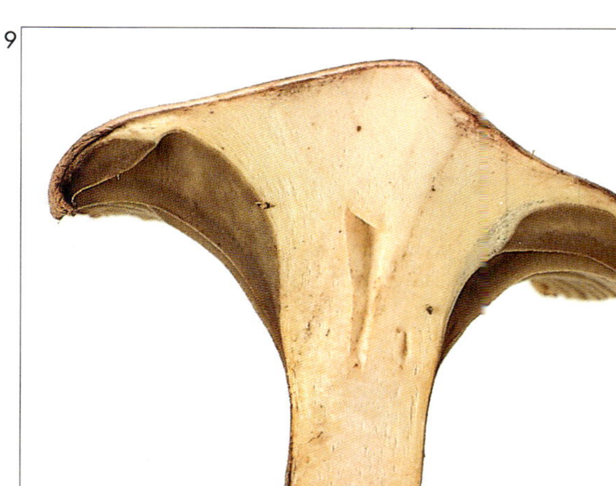

10

11

12

13

14

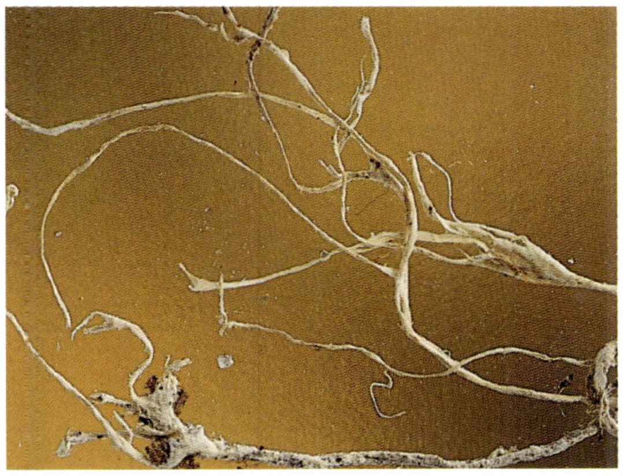

15

16

17

18

Lamelliges Hymenium des Narzissengelben Wulstlings **(Abb. 1)**. Leistenförmiges Hymenium des Pfifferlings **(Abb. 2)**. Runzliges Hymenium der Totentrompete **(Abb. 3)**. Stacheliges Hymenium des Semmelstoppelpilzes **(Abb. 4)**. Frische Gleba der Stinkmorchel **(Abb. 5)**. Hexenei im Schnitt **(Abb. 16)**. Poriges Hymenium der Zinnobertramete **(Abb. 6)**. Milchtropfen auf den Lamellen eines Brätlings **(Abb. 7)**. Rostbraune Sporen bepudern eine Schleierlingslamelle **(Abb. 8)**. Hutbuckel des Kupferroten Schmierlings im Schnitt **(Abb. 9)**. Freie Lamellen beim Eierwulstling **(Abb. 10)**. Schmetterlingsporlinge besiedeln einen toten Baum **(Abb. 11)**. Filziger Stiel einer Rotkappe **(Abb. 12)**. Eingerollter, zottiger Rand des Birkenreizkers **(Abb. 13)**. Myzelstränge des Breitblättrigen Rüblings **(Abb. 14)**. Rostbrauner Myzelfilz *(Ozonium)* des Strahlfüßigen Tintlings **(Abb. 15)**. Stiel des Rillstieligen Helmlings **(Abb. 17)**. Sprödes Täublingsfleisch bricht wie Kreide **(Abb. 18)**.

1

EINIGE FACHAUSDRÜCKE IN WORT UND BILD

2

▶**Gruben, grubig:** kleine, flächige Vertiefungen, oft auch farblich abgesetzt; vor allem am Stiel von Milchlingen (Abb. 7).

Hexenring: Pilzwachstum in Kreisen oder Ringen (Abb. 6).

Hüllreste: flockige, häutige oder schuppenartige Reste der Teil- oder Gesamthülle, z. B. bei manchen Wulstlingen (Abb. 11, s. a. S. 12f.)

Netz, netzig: erhabenes, netzförmig verbundenes Linienmuster, vor allem auf Stielen von Röhrlingen (s. S. 66ff.) (Abb. 5).

Plasmodium: schleimiges, oft gelbes, nicht festgewachsenes und fortbewegungsfähiges Entwicklungsstadium eines Schleimpilzes (Abb. 1; s. a. S. 98f.).

Pore: Öffnung der Röhren, durch die die reifen Sporen der Röhrlinge (s. S. 66ff.) und Porlinge (s. S. 44ff.) entweichen (Abb. 2).

Primordium: Erstes Entwicklungsstadium eines Pilzfruchtkörpers (Abb. 4).

Röhren: dichtstehende walzenförmige Strukturen, die bei den Röhrlingen (s. S. 66ff.) und Porlingen (s. S. 44ff.) das Hymenium bilden. Ihre Mündungen sind die Poren (Abb. 15).

Scheide, Volva: sackförmiger, den Stielgrund z. B. der Scheidlinge (s. S. 30f.) und Knollenblätterpilze (s. S. 6f.) umschließender Rest der Allgemeinhülle (Abb. 12).

Sitzend: ohne Stiel dem Substrat aufsitzend (Abb. 14).

Spore: mikroskopisch kleine Fortpflanzungszelle der Pilze, annähernd den Samen der Pflanzen entsprechend (Abb. 8, 9).

Sporulation: Phase der Sporenausstreuung beim reifen Pilzfruchtkörper (Abb. 13, 16).

Wurzelnd: Stielbasis in den Boden hinein verlängert (Abb. 3).

Zonen, zoniert: konzentrische Ringe auf einem Pilzhut (Abb. 17).

3

4

5

6

7

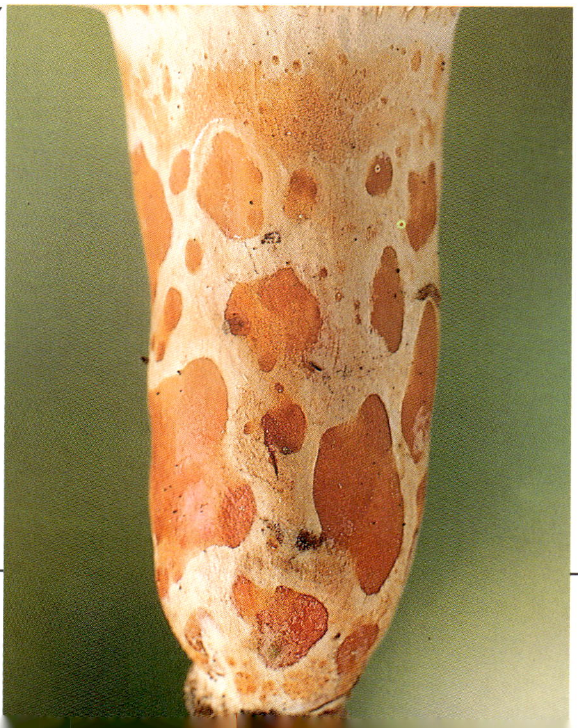

8

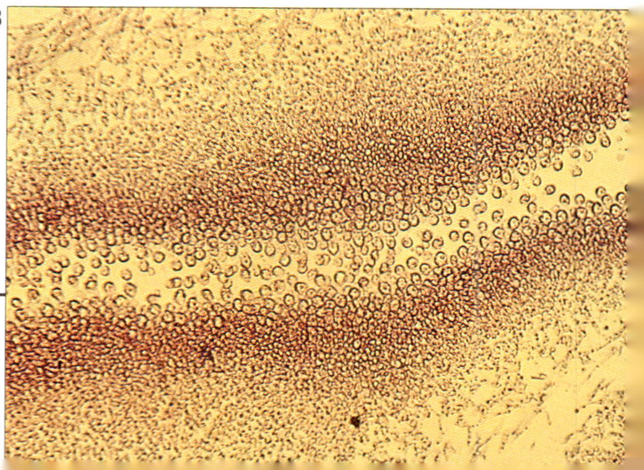

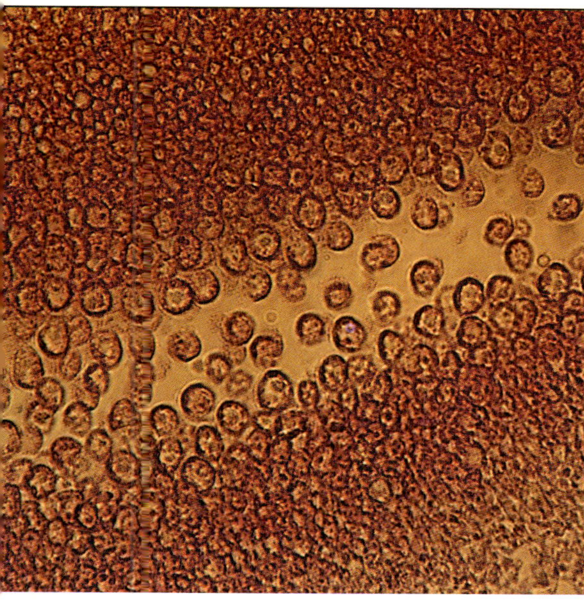
9

10

11

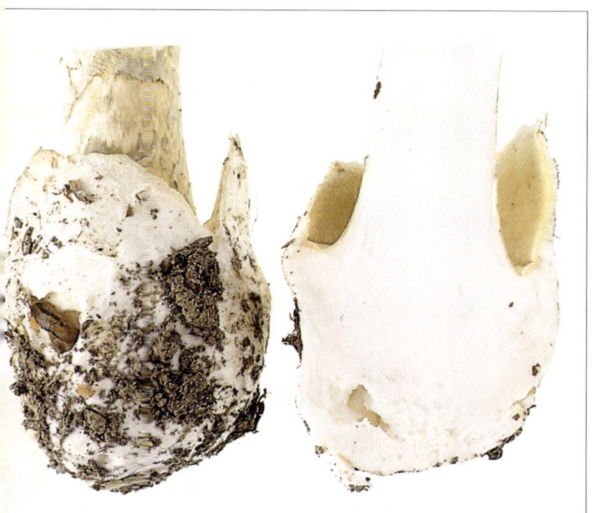
12

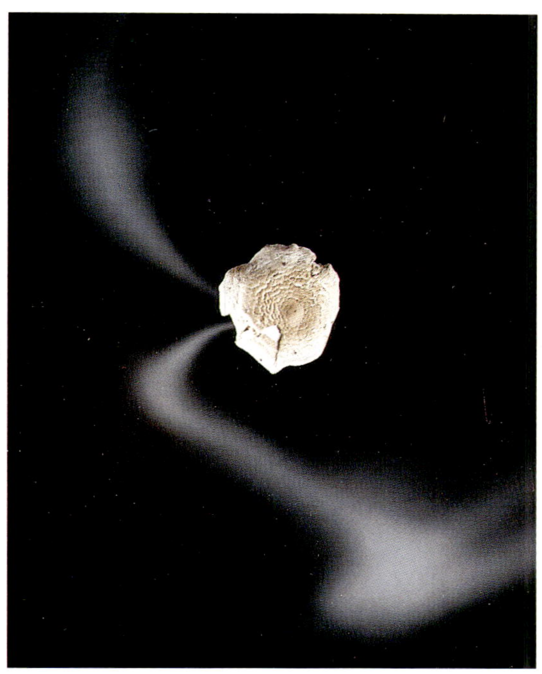
13

14

15

16

17

Schleimpilz-Plasmodium bei der Nahrungsaufnahme auf modrigem Holz **(Abb. 1)**. Rote Poren eines Röhrlings **(Abb. 2)**. Samtrübling *(Oudemansiella renati)* mit wurzelndem Stiel **(Abb. 3)**. Junger Birkenporling *(Piptoporus betulinus)*, aus dem Substrat hervorbrechend **(Abb. 4)**. Erhabenes Stielnetz des Schönfußröhrlings *(Boletus calopus)* **(Abb. 5)**. Ein Hexenring entsteht durch kreisförmige Ausdehnung des Myzels **(Abb. 6)**. Grubiger Stiel und gezonter Hut des Lachsreizkers *(Lactarius salmonicolor)* **(Abb. 7, 17)**. Tintlingssporen in 100- und 300facher Vergrößerung **(Abb. 8, 9)**. Steinpilz *(Boletus edulis)* **(Abb. 10)**. Hüllreste auf dem Hut eines Fliegenpilzes *(Amanita muscaria)* und dessen innerhalb von 24 Stunden ausgefallenes weißes Sporenpulver **(Abb. 11, 16)**. Abstehende Scheide des Grünen Knollenblätterpilzes *(A. phalloides)* **(Abb. 12)**. Sporulierender Beringter Ritterling *(Tricholoma cingulatum)* **(Abb. 13)**. Der Hellbraune Zwergseitling *(Resupinatus applicatus)* sitzt stiellos dem Substrat auf **(Abb. 14)**. Senkrechte Röhrenschichten im Längsschnitt durch einen Porling **(Abb. 15)**.

REGISTER

Verzeichnis der wissenschaftlichen Pilznamen

Verzeichnis der deutschen Pilznamen

Danksagung

Der Fotograf Yves Lanceau dankt herzlich den folgenden mykologischen Vereinigungen, ihren Vorsitzenden und aktiven Mitarbeitern für ihre Gastfreundschaft:
der Association des naturalistes de Nice et des Alpes-Maritimes (06); dem Cercle de mycologie du Berry-Sologne in Vierzon (18);
der Société d'histoire naturelle du Doubs in Besançon (25); der Société mycologique de la ville et du canton d'Arbois (39);
der Société mycologique landaise in Mont-de-Marsan und in Dax (40); der Société d'histoire naturelle du Loir & Cher in Blois (41);
den Organisatoren der Mycologiades internationales in Bellême (61); der Société mycologique du Béarn in Pau (64) der Société mycologique du Haut-Rhin in Illzach (68);
der Société mycologique et botanique de la région chambérienne in Chambéry; der Société mycologique des Hautes-Vosges in Wissembach (88)
und der Société mycologique du Territoire de Belfort (90);
sowie namentlich den folgenden Berufs- und Amateurmykologen: Jacques Bergeon, Geneviève Bordes, Jacques Bouteville, Jean-Paul Collin, Gaston Garnier, Jacques Guinberteau, Jacques Lory, Jacques Masson-Deblaize, Gilbert Moyne, Jean-Luc Muller, Michel Pestel, Jean-Marie Pirlot, Charles-Pierre Remy, Danielle Richerataux, Jean-Philippe Rioult, Fabrice Tosello, Jean Vivant.

Des Weiteren auch:
Hugues Martin, Trüffelzüchter in Sainte-Foy-de-Longas (24); Meyer Champi in Saint-Paterne-Racan (37); der Champignonzucht Jean-Pierre Richard in Bourre (41);
André Delalande und Champi-Tourisme in Bourre (41); Yann Bouchard und dem Musée du Champignon in Saint-Hilaire-Saint-Florent (49)
sowie Henry Clavier (Champignons du Clair Sapin) in Corcieux (88).

Der Autor und Mykologe Patrick Laurent bedankt sich herzlich bei:
Christian Beley, Professor in Saint-Dié, für seine freundliche Unterstützung bei den Korrekturen; der Société mycologique du Haut-Rhin, ihrem Vorsitzenden Jean-Luc Muller und seinen Mitarbeitern für die zahlreichen mikroskopischen Fotos
sowie der Société mycologique des Hautes-Vosges für ihre Ermunterung und Hilfe.

Bibliographie und weiterführende Literatur (vom Bearbeiter für den deutschen Sprachraum ergänzt)

a) Fachzeitschriften:
Bulletin de la Société mycologique de France, 18 rue de l'Ermitage, F-75020 Paris; Bulletin de la fédération mycologique Dauphiné-Savoie, 1 rue Fernand-David, F-74100 Ville-La-Grand; Documents mycologiques, Station d'etudes en baie de Somme, F-80230 Saint-Valery-sur-Somme; Zeitschrift für Mykologie, Postfach 1119, D-85378 Eching; Mycologia Bavarica, p. A.: Christoph Hahn, Traubinger Str. 53, D-82327 Tutzing; Südwestdeutsche Pilzrundschau, Herausgeber: Verein der Pilzfreunde Stuttgart, Danziger Str. 27, D-73262 Reichenbach/Fils; Der Tintling - die Pilzzeitschrift, p. A.: Karin Montag, Lebacher Str. 3, D-66839 Schmelz; Österreichische Zeitschrift für Pilzkunde, Rennweg 14, A-1030 Wien.

b) Weiterführende Literatur:
Breitenbach, J. & F. Kränzlin, Pilze der Schweiz, bisher 4 Bände, Luzern 1981–1995; Bresinsky, A. & H. Besl, Giftpilze. Stuttgart 1985; Courtecuisse, R. & B. Duhem, Guide des champignons de France et d'Europe. Lausanne 1994; Dähncke, R. M., 1200 Pilze in Farbfotos, Aarau 1993; Gerhardt, E., BLV-Handbuch Pilze, München, Wien, Zürich 1995 (2. Aufl.); Michael, E., B. Hennig & H. Kreisel, Handbuch für Pilzfreunde, 6 Bände. Jena 1958–1988; Moser, M. & W. Jülich, Farbatlas der Basidiomyceten, bisher 15 Lieferungen, Stuttgart 1985–1997; Ryman, S. & I. Holmåsen, Pilze, Braunschweig 1992.

Legenden zu den Abbildungen auf dem Einband (von oben nach unten und von links nach rechts)

Vordere Umschlagseite:
Pfifferling *(Cantharellus cibarius)*, Bronzeröhrling *(Boletus aereus)*, Hohe Morchel *(Morchella elata)*, Dünnfleischiger Anis-Champignon *(Agaricus silvicola)*, Echter Grünspanträuschling *(Stropharia aeruginosa)*, Fliegenpilz *(Amanita muscaria)*, ein Korb voller Riesenschirmpilze *(Macrolepiota procera)*, Mäuseschwanzrübling *(Baeospora myosura)*, Tintenfischpilz *(Clathrus archeri)*, Goldgelber Zitterling *(Tremella mesenterica)*, Löffelförmiger Seitling *(Pleurotus pulmonarius)*, Steinpilz *(Boletus edulis)*.

Hintere Umschlagseite:
Kerbrandiger Saftling *(Hygrocybe marchii)*, Gelbblättriger Muschelseitling *(Panellus serotinus)*, Eichenwirrling *(Daedalea quercina)*, Steinpilz *(Boletus edulis)*, Périgord-Trüffel *(Tuber melanosporum)*, Echter Zunderschwamm *(Fomes fomentarius)*, Beutel-Großstäubling *(Calvatia exipuliformis)*, Köstliche Morchel *(Morchella deliciosa)*, Riesenschirmpilz *(Macrolepiota procera)*, Fenchelporling *(Gloeophyllum odoratum)*, junger Pilz auf dem Hut eines alten, Bronzeröhrling *(Boletus aereus)*.

Texte: Die Texte stammen von Patrick Laurent, ausgenommen jene auf den Seiten 102 bis 107 und 112 bis 115, welche Isabelle Masson-Deblaize geschrieben hat.

Fotonachweis: Die Fotos stammen von Yves Lanceau, ausgenommen die folgenden, die Patrick Laurent beigesteuert hat: S. 15 (7); 20 (5); 32 (3, 5); 33 (9, 13); 34 (1, 2, 6); 35 (8, 10, 12, 14, 18, 19, 20); 54 (5); 68 (1); 77 (11, 13); 94 (2); 97 (11); 110 (6, 7); 111 (14).

Bearbeitung und Übertragung aus dem Französischen: Till R. Lohmeyer
Lektorat: Aliya Bohnsack

ISBN 3-86070-428-1

1 2 3 4 5 8 9 00 1 2